Ewald Langer

Ab in die Pilze

SICHER BESTIMMEN, SAMMELN, ZUBEREITEN

KOSMOS

Inhalt

Naturerlebnis Pilzsuche

Ob es Champignons auf der Pizza sind oder Pfifferlinge zum Jägerschnitzel: Als Beilage sind Pilze aus der Küche nicht mehr wegzudenken. Vom japanischen Shiitake-Pilz weiß man sogar, dass er besonders gesund ist.

Haben Sie gewusst, dass die schwarzen Streifen in der Wan-tan-Suppe im chinesischen Restaurant von dem Pilz Mu-err stammen? Er enthält einen besonderen Mix an wichtigen Vitaminen, Spurenelementen und Aminosäuren.

Schmackhafte Steinpilze: Mit etwas Glück entdecken Sie ein solches Prachtexemplar bei Ihrem nächsten Wald-Ausflug.

Bei der Pilzsuche gibt es immer wieder Begegnungen mit Tieren, wie diesem jungen Molch.

In der Gourmetküche werden bis zu 2500 Euro für ein Kilogramm des aromatischen Perigord-Trüffels bezahlt. Es müssen ja nicht gleich Trüffel sein, aber den chinesischen Mu-err-Pilz können Sie bei uns ganz leicht finden – Sie müssen nur wissen, wo und wann gesucht werden muss. Auch Steinpilze, Pfifferlinge und ihre schmackhaften Verwandten lassen sich einfach finden. Und Pilze suchen macht Spaß. Es ist ein Naturerlebnis der besonderen Art, denn der Blick wandert auf dem Waldboden hin und her. Dabei entdecken Sie schon einmal einen Feuersalaman-

der oder stöbern eine Blindschleiche auf. Lassen Sie sich anstecken vom Naturerlebnis Pilzsuche. Eine völlig neue Erfahrung für alle Sinne, denn Sie müssen beim Sammeln auch schmecken und riechen. Also dann: Ab in die Pilze!

Ausrüstung

Alles, was Sie zum Pilze sammeln brauchen, haben Sie schon zu Hause: robuste Kleidung (siehe S. 18), ein Taschenmesser, ein Körbchen oder eine Tasche aus Stoff und einen Fotoapparat für die schönsten Sammelmomente.

Im Reich der Pilze

Fliegenpilz, Pfifferling und Steinpilz sind fast jedem geläufig. Doch wo genau verstecken sie sich und wie können Sie sicher sein, nicht aus Versehen einen giftigen Pilz zu erwischen? Obwohl sie nicht überall zu sehen sind, sind Pilze auf der Welt allgegenwärtig: Sie leben im Verborgenen und nur wenn sie sich fortpflanzen, tauchen sie mit ihren Fruchtkörpern aus dem Waldboden oder aus dem Holz auf und werden für uns sichtbar. Pilze zählen zu den unglaublichsten Lebewesen, denn sie sind weder Pflanzen noch Tiere. Sie gehören ihrem eigenen Reich an, wie der Wissenschaftler sagt – dem „Reich der Pilze".

Was ist ein Pilz?

Lamellen, geriefter Ring und Flocken: Was genau heißt das? Wer ein Pilz-Bestimmungsbuch aufschlägt, wird unzähligen Begriffen begegnen, die zunächst verwirren. Zugegeben – ganz ohne geht es nicht, wenn Sie Pilze sicher bestimmen wollen. Aber Bilder sagen mehr als tausend Worte. Blättern Sie die nächsten Seiten durch und Sie werden sehen, dass Sie vieles schon gesehen haben, aber nicht wissen, wie alles zusammenhängt. Viele schmackhafte Pilze lassen sich schon an wenigen Merkmalen erkennen.

Die wichtigen Merkmale eines Pilzes sind oftmals unter dem Hut zu finden.

Und Plätze, an denen z. B. Steinpilze oder Krause Glucke wachsen, lassen sich unter Berücksichtigung einfacher Hinweise relativ leicht finden.

Unterirdische Wesen

Pilze sind Fadenwesen. Sie wachsen mit ihren spinnwebfeinen Pilzfäden versteckt im Boden oder im Holz. Genau wie die Wurzeln der Pflanzen, die in der Erde wachsen, ernähren sich auch die Pilze mit ihrem unterirdisch wachsenden Teil – dem so genannten Pilzmycel. Sie nehmen Nährstoffe und Wasser aus dem Boden oder aus dem Holz auf. Doch im Gegensatz zu den Pflanzen können sie ihre Umgebung, das Substrat wie der Fachmann sagt, auch verändern. Es gibt sogar Pilzarten, die in einer innigen Lebensgemeinschaft, der Symbiose, zusammen mit den Wurzeln der Waldbäume leben. Das nennt man „Mykorrhiza".

SCHON GEWUSST?

Das Pilzmycel und sein Pilz sind vergleichbar mit Apfelbaum und Apfel. Sie essen ja auch nur den Apfel und nicht den ganzen Apfelbaum.

Zersetzer, Parasiten und Mykorrhiza

Pilze lassen sich in drei Gruppen aufteilen. Solche, die sich nur von totem Holz oder Laub ernähren, nennt man „Zersetzer". Hierzu gehören viele Baumpilze wie der Zunderschwamm. „Parasiten" ernähren sich von Pflanzen oder Bäumen, die noch am Leben sind. Das beste Beispiel hierfür ist die schmackhafte Krause Glucke (S. 44). Pilze, die mit unseren Waldbäumen eine Lebensgemeinschaft eingehen, in der beide Partner sich gegenseitig ernähren, nennt man „Mykorrhizapilze". Hierzu gehört der König der Pilze – der Steinpilz (S. 30).

Der endlose Kreislauf

Im Wald gibt es ein ständiges Werden und Vergehen. Bucheckern keimen im Frühjahr mit ihren nierenförmigen Keimblättern zu Tausenden im Wald. Schon als kleines Pflänzchen werden sie von einem Mykorrhizapilz an die Hand genommen. Doch nur wenige schaffen es bis zum uralten Baumriesen, der zum Lebensraum für Spechte, Fledermäuse und zahlreiche Insektenarten wird. Am Ende seines Lebens wird der Baum von Pilzen besiedelt, die sein Holz wieder zu Humus zersetzen.

SCHON GEWUSST?

Totes und zersetztes Holz wird bereits wieder von Baum-Keimlingen besiedelt, nachdem es von Pilzen und Bodentieren zu Humus verwandelt wurde.

Ein Zunderschwamm, der aus einem abgestorbenen Baum wächst. Noch bis zum Ende des 19. Jahrhunderts wurden die konsolenartigen Fruchtkörper zum Feuermachen genutzt.

Pilze lieben es feucht

Ein gutes oder schlechtes Pilzjahr kann schon im
zeitigen Frühjahr vorhergesagt werden. Wenn
die Schneeglöckchen blühen und die ersten Vögel
morgens zu singen anfangen, dann sollte es genügend
regnen, denn die jungen Pilze entwickeln sich schon
früh im Jahr als stecknadelkopfgroße Knubbel unter
der Erde. Bleibt der Regen im Frühjahr aus, so fehlen im
Herbst auch die Pilze. War das Frühjahr mit ausreichend
Niederschlag gesegnet, so können Sie oft schon im Sommer
ab Juni mit einer guten Ernte rechnen. Ein nächtlicher
Gewitterregen kann zusätzlich wahre Wunder bewirken.
Der Wald ist von der Sonne aufgeheizt, sodass der Regen
ein günstiges Treibhausklima entstehen lässt.

Pilzsaison ist das ganze Jahr

Im Frühjahr geht es los

Alles grünt und blüht. In den Osterferien
können wir uns bereits auf die Suche
machen. Jetzt gibt es nicht nur den
leckeren Bärlauch und junges, hell-
grünes Buchenlaub, sondern auch die
heiß begehrten Morcheln. Auf S. 48
finden Sie Tipps, wo Sie suchen können
und worauf Sie achten sollten, um die
kulinarische Köstlichkeit nicht mit der
giftigen Lorchel zu verwechseln.

Wenn der Klebrige Hörnling reichlich an
Nadelholzstümpfen wächst, so lohnt es sich,
auch andere Pilze sammeln zu gehen.

Im Sommer Pilze suchen

Sie brauchen nicht bis zum Herbst zu warten. Der Sommer-Steinpilz (S. 30) kommt manchmal schon im Juli zum Vorschein. Einige essbare Wiesenpilze schießen nach Sommergewittern ab Juni geradezu über Nacht aus dem Boden. Riesen-Bovist (S. 42) und Schopf-Tintling (S. 62) gehören zu den unverwechselbaren und besonders delikaten Sommerarten. Beim Wiesen-Champignon (S. 60) sollten Sie bei der Bestimmung schon etwas genauer hinschauen.

Herbstzeit – Pilzzeit

Ab Ende August geht es dann so richtig los mit den Pilzen. In manchen Jahren gibt es regelrechte Pilzschwemmen. Dann kann es Ihnen passieren, dass Sie ziemlich ratlos vor einer wunderschönen, lecker aussehenden Gruppe von kräftigen Pilzfruchtkörpern stehen und sich fragen: „Ist es nun wirklich der Steinpilz oder nicht?" Auf den folgenden Seiten finden Sie nur unverwechselbare Pilzarten, deren Merkmale eindeutig und einfach zu erkennen sind.

Und was ist im Winter?

Nicht nur vom Frühjahr bis Herbst ist Pilzzeit, sondern auch im Winter. Es gibt sogar Pilzarten, die nur auf die kalte Jahreszeit spezialisiert sind. Das Judasohr (S. 46) kommt bevorzugt im Winter vor und der Samtfuß-Rübling (S. 68) wächst sogar bei Eis und Schnee. Wenn Steinpilze und andere im Oktober nach den ersten Nachtfrösten endgültig verschwunden sind, können Sie durchaus noch Beute machen.

Buchen sollst Du suchen

Die Rotbuche ist der häufigste Baum unserer Laubwälder. Sie schirmt mit ihrem dichten Blätterdach das Licht sehr stark ab, sodass es am Waldboden ganz schön dunkel sein kann. Dem Laubwald sind meist auch noch andere Baumarten beigemischt wie die Stieleiche oder die Hainbuche. Sehr wichtig für die Pilzsuche sind die Beschaffenheit des Bodens und die Lichtverhältnisse inmitten der Waldbäume.

SAMMELTIPP
Einen guten Pilzwald erkennen Sie daran, dass es unterschiedlich alte Bäume und jede Menge totes Holz am Waldboden gibt.

Steinpilz-Ambiente

Besonders vielversprechend im Buchenwald sind Stellen mit viel abgestorbenem Holz am Waldboden, möglichst wenig Grasbewuchs und Lücken im Kronendach, wo wärmende Sonnenstrahlen den Waldboden erreichen können. Besonders Steinpilze (S. 30) lieben solche lichten Stellen. Nicht selten finden sich solche günstigen Plätze direkt neben Waldwegen, die am Hang entlangführen, sodass Sie gar nicht über Stock und Stein zu gehen brauchen.

Ein typischer sonnenbeschienener Steinpilzplatz mit viel totem Holz am Boden

Bäche und Flussauen

Entlang von Gewässern wachsen oft Erlen und Eschen. Der fruchtbare und feuchte Boden ist von einem dichten Pflanzenteppich bedeckt. Im Frühjahr blühen hier noch vor dem Laubausschlag Bärlauch, Aronstab und Buschwindröschen. Das ist der richtige Ort für Speise-Morcheln (S. 48).

Ein sumpfiger Auwald mit Gewässer und Schwarz-Erlen bietet Speise-Morcheln den idealen Lebensraum.

Birken und Pilze

Birken sehen durch ihre weiße Rinde nicht nur schön aus, sondern haben auch die Eigenschaft, sich überall, wo es Sonne gibt, schnell anzusiedeln – so auch auf Waldlichtungen und an Waldrändern. Dann lassen die Birkenpilze (S. 54) nicht lange auf sich warten. Auch angepflanzte Birken in Parks sind ein gutes Pilzrevier. Die Espe, auch Zitter-Pappel genannt, wird häufig in Hainen angepflanzt oder steht zusammen mit Birken am Waldrand. Hier wächst die Espen-Rotkappe (S. 54).

Ein Birkenhain mit grasigem Waldboden – suchen Sie hier nach Birkenpilzen.

Der Brotbaum des Försters

Längst sind die Zeiten vorbei, zu denen man noch eintönige Fichtenmono-kulturen anlegte. Die Fichte ist aber nach wie vor auch in Mischwäldern bei uns oft anzutreffen. Die moderne Forstwirtschaft bezieht immer häufiger auch sehr widerstandsfähige Baumarten ein. Vor allem die schnell wachsenden Nadelbaumarten Dou-glasie und Kiefer können Sie häufig antreffen. Viele Pilzarten sind auf be-stimmte Nadelbäume spezialisiert, und deshalb können wir sie im Nadel-wald zielsicher finden.

Fichten und Kiefern

In unseren Mittelgebirgen ist die Fich-te allgegenwärtig. Besonders in Süd-deutschland gibt es große Bestände. Fichten können Sie leicht an den rings um den Ast verlaufenden Nadeln und den bis 12 cm langen Fichtenzapfen erkennen. Hier finden wir Steinpilze (S. 30), Pfifferlinge (S. 32) und den Maronen-Röhrling (S. 50). Die Gemeine Wald-Kiefer hat bis 5 cm lange Nadeln, die immer in einem Paar zusammenstehen.

In einem solchen Wald aus Kiefern und Fichten haben Sie gute Chancen, auf Steinpilze zu treffen.

Dieser Bestand aus Lärchen und Fichten ist ein guter Standort für den schmackhaften Goldgelben Lärchen-Röhrling.

Kiefernzapfen sind kugelig und etwa so groß wie ein Hühnerei. Die Kiefer wächst bevorzugt auf kargen, sandigen Böden. Man findet Kiefernwälder vor allem in Norddeutschland und östlich der Elbe. Der Kiefern-Steinpilz (S. 30) und die Krause Glucke (S. 44) wachsen nur unter Kiefern.

Ein besonderer Nadelbaum

Die Lärche ist der einzige Nadelbaum im Wald, der im Winter seine Nadeln komplett abwirft. Im Sommer und Herbst sitzen die Lärchennadeln büschelig am Ast, und die Lärchenzapfen am Waldboden sind nur bis 2 cm groß und kugelig. Lärchen sind oftmals auch im Laubwald zu finden und führen uns zielsicher zum Goldgelben Lärchen-Röhrling (S. 58).

SAMMELTIPP

Die Heidelbeere zeigt uns im Nadelwald karge und saure Bodenverhältnisse an, die für das Vorkommen von Trompeten-Pfifferlingen sprechen.

Auf der Pirsch

Soll man Pilze nun rausdrehen oder abschneiden? Um es gleich vorwegzunehmen:
Das ist ganz egal, denn Sie ernten ja nur den
Fruchtkörper des Pilzes. Gibt es eigentlich
auch Pilzarten, die per Gesetz geschützt sind?
Der Gesetzgeber hat für die geschützten Arten
eine sehr sinnvolle Regelung getroffen:
Tatsächlich sind alle Steinpilz-, Birkenpilz-,
Pfifferlingsarten und auch die Speisemorchel
von der Bundesartenschutzverordnung
geschützt, allerdings mit der Ausnahme, dass
geringe Mengen für den eigenen Bedarf der
Natur entnommen werden dürfen. In Schutz-
gebieten dürfen Sie keine Pilze sammeln.

Mit festem Schuhwerk und regendichter Kleidung sind Sie bestens ausgerüstet.

SAMMELTIPP

Wenn Sie Gummistiefel anziehen oder die Hosenbeine in die Socken stopfen, sind Sie weitgehend gegen Zecken geschützt (S. 26).

Ausrüstung für Pilzsammler

Wenn Sie sich in der Natur bewegen, sollten Sie möglichst flexibel gekleidet sein. Auch im Sommer kann es besonders morgens noch empfindlich kühl sein, mittags aber schwülheiß. Bewährt haben sich mehrere Schichten verschiedener Kleidungsstücke, die Sie bei Bedarf an- und wieder ausziehen können. Gutes Schuhwerk ist selbstverständlich, denn Sie gehen über Stock und Stein. Sie brauchen also nicht unbedingt die neueste und teure Outdoor-Bekleidung. Wichtig ist, dass die Sachen richtig dreckig werden dürfen. Kurze Hose und T-Shirt sind im Sommer zwar angenehm kühl, doch sie schützen nicht vor Mücken und Zecken (S. 26). Auch zur Bearbeitung Ihrer Pilzfunde brauchen Sie nichts Neues einzukaufen. Im Haushalt ist meistens schon alles Nötige für Ihren nächsten Pilz-Ausflug vorhanden.

Mit Korb, Messer und Lupe

Auch das richtige Sammelgerät ist wichtig. Es wäre doch schade, wenn Ihre Beute durch unsachgemäße Lagerung in einer Plastiktüte zerquetscht würde. Einen geeigneten Spankorb bekommt man im Sommer meist gratis dazu, wenn man Erdbeeren kauft.

Das sollte mit:

🍄 Holz- oder Weidenkorb, keine Plastiktüte

🍄 Taschenmesser

🍄 Pinsel

🍄 Lupe

🍄 Fotoapparat

Es darf natürlich auch ein hübscher Weidenkorb sein. Messer sind eine Wissenschaft für sich und eine Geschmacksfrage. Unabhängig davon, ob Sie ein einfaches Klappmesser oder ein handgeschmiedetes Edelmesser bevorzugen: Die Sammlererfahrung lehrt, dass man das gute Stück gerne mal auf dem Waldboden liegen lässt. Dann ist es hilfreich, wenn der Messergriff eine auffällige Farbe hat, um es wiederzufinden. Eine Lupe lässt uns nicht nur Details am Pilz erkennen, sondern eröffnet uns den Einblick in den Mikrokosmos der Waldlebewesen.

Ein Weidenkorb ist die beste Art, Pilze zu transportieren, da die Fundstücke nicht gequetscht werden und genügend Luft bekommen.

Schritt für Schritt

Viele Pilzarten sehen sich sehr ähnlich, und die Merkmale sind oft verwirrend. Zum Glück gibt es ein paar wichtige Regeln, die Sie befolgen können, um an Ihrem Pilzfund Freude zu haben. Eine ganze Reihe von Arten lässt sich zielsicher finden, und die Verwechslung mit giftigen Arten ist ausgeschlossen, wenn man genau hinsieht. Die Pilzbeschreibungen ab S. 30 führen Sie nicht nur sicher ans Ziel, sondern helfen Ihnen auch dabei, die schmackhaftesten Pilze sicher zu bestimmen. Für Ihre erste Pilzsuche prägen Sie sich am besten einige gut erkennbare Arten der zehn beliebtesten Pilze aus diesem Buch ein. Wenn Sie den Steinpilz kennen, dann können Sie auch alle anderen Röhrlinge erkennen. Gelbe Pfifferlingsarten erkennen Sie an der trichterartigen Form und den Leisten unter dem Stiel. Da es unter den Waldpilzen, die Lamellen haben, viele giftige Arten gibt, müssen Sie hier besonders gut hinschauen. Unter den Schirmpilzen (S. 36), den Reizkern (S. 38) und den Täublingen (S. 66) gibt es auch ungenießbare oder sogar giftige Arten. Wichtig ist, dass Sie möglichst auch junge und alte Exemplare vergleichen.

Am Stiel dieses Riesenschirmlings kann man ganz deutlich einen Ring sehen.

SAMMELTIPP

Wenn Sie sich bei der Bestimmung eines Pilzes unsicher sind, dann essen Sie ihn auch nicht. Sicher finden Sie jemanden, der im Pilze sammeln schon Erfahrung hat.

Besser Finger weg: Den ungenießbaren Gallen-Röhrling erkennen Sie an seinem dunklen Stielnetz und den rosafarbenen Röhren.

Checkliste zum Bestimmen

🍄 Wächst der Pilz im Wald oder auf der Wiese?

🍄 Wächst der Pilz einzeln, in Gruppen oder sogar büschelig?

🍄 Hat der Pilz Stiel und Hut oder etwa eine völlig andere Form?

🍄 Hat der Pilz auf der Hutunterseite Röhren (siehe Bild oben), Leisten (z. B. Pfifferling, S. 32) oder Lamellen (siehe Bild links unten) und in welcher Farbe?

🍄 Hat der Stiel einen Ring? (siehe Bild links unten)

🍄 Hat der Stiel ein Netz und welche Farbe hat das Netz? (siehe Bild oben)

🍄 Verfärbt sich das Fleisch bei Berührung oder im Anschnitt?

🍄 Wie riecht der Pilz?

🍄 Schmeckt sein Fleisch roh mild oder ist es scharf oder bitter?

Jung ist besser als alt

Groß ist das Glück, wenn man einen tellergroßen Steinpilz gefunden hat. Solche kapitalen Funde sollten Sie jedoch stehen lassen und lieber nur ein „Beweisfoto" knipsen. Ausgewachsene Pilze sind nämlich oft im Fleisch schwammig und von Maden befallen. Weil der Proteingehalt von Pilzen bis zu 75 % beträgt, sind sie genauso verderblich wie Fleisch. Oft kommt es vor, dass uns Schnecken oder Käfer zuvorgekommen sind und den Pilz schon angeknabbert haben. Diese Fraßstellen kann man mitsamt den Kostgängern guten Gewissens mit dem Messer entfernen. Wichtig ist, dass Sie den Pilz am Stiel von anhaftenden Bodenpartikeln säubern. Das geschieht, indem Sie mit dem Pilzmesser entweder den Stiel samt anhaftendem Dreck abschneiden oder beim kostbaren Steinpilz den

dicken Fuß wie eine Kartoffel großzügig abschälen. Am Hut anhaftende Partikel wie Nadeln oder Erde entfernen Sie am besten mit einem Pinsel. Je besser Sie im Wald vorarbeiten, desto mehr Freude werden Sie in der Küche haben. Und nun ab in den Korb! Dabei werden die unterschiedlichen Arten schön getrennt gehalten. Feste Pilze kommen nach unten, weiche nach oben.

Maden haben diesen verdorbenen Steinpilz durchlöchert und Schnecken haben bereits große Stücke herausgefressen.

SCHON GEWUSST?

Ein abgepflückter Pilz gibt immer noch Sporen ab. Unbrauchbare Exemplare deshalb einfach auf den Waldboden legen, sodass die Sporenverbreitung gesichert ist.

Halb geschlossener Hut? Gut!

Frische Exemplare erkennen Sie daran, dass die Fruchtkörper knackig aussehen. Besonders junge Steinpilze fühlen sich fest und griffig an, sie riechen angenehm und nicht muffig. Große Hutpilze, die unter dem Hut Lamellen haben, wie der Riesenschirmling (S. 36) oder der Wiesen-Champignon (S. 60) sind am besten, wenn der Hut noch halb geschlossen ist. Diese Regel gilt auch für kleine Hutpilze mit Lamellen, die in Büscheln oder Gruppen wachsen, wie der Samtfuß-Rübling (S. 68) oder der Nelken-Schwindling (S. 70).

Auch beim Pfifferling (S. 32) sollten Sie nur Exemplare nehmen, die noch jung und fest sind. Der Riesen-Bovist (S. 42) schmeckt am besten, wenn er noch nicht zu groß geworden und im Inneren noch rein weiß ist.

SAMMELTIPP

Praktisch: Um Druckstellen zu vermeiden, können Sie Ihren Sammelkorb mit Moos auspolstern.

So sehen Steinpilze idealerweise aus: knackig und frisch.

Ein Männlein steht im Walde ...

Wer kennt ihn nicht, den Fliegenpilz? Er hat eine richtige Warnfarbe, ist aber keineswegs so giftig wie man denken mag. Da gibt es ganz andere Übeltäter, die auch noch ganz unscheinbar daherkommen. Fast wie ein Wolf im Schafspelz ist der tödlich giftige Gifthäubling (S. 77), der dem Stockschwämmchen (S. 76) zum Verwechseln ähnlich sieht. Auch einige farblich sehr schöne Rauköpfe (S. 80) und der Grüne Knollenblätterpilz (S. 78) haben es in sich. Beschwerden treten nach einer solch tödlichen Mahlzeit erst Tage oder Wochen später auf. Eine rettende Behandlung ist dann meist nicht mehr möglich. Andere Arten wiederum, wie der Satans-Röhrling (S. 81), verursachen meist sofort heftige Verdauungsbeschwerden mit Bauchschmerzen und Durchfall.

Typisch Fliegenpilz: Links ein reifes Exemplar, rechts ein ganz junges.

Vorsicht, Irrtum

Diese Merkmale sprechen nicht für die Essbarkeit einer Pilzart:

🍄 Das Fleisch verfärbt sich nicht

🍄 Der Geschmack ist mild

🍄 Schnecken fressen den Pilz

Es gibt einige heimtückische und sehr giftige Pilzarten, die Sie unbedingt kennen sollten, wenn Sie Pilze sammeln (S. 76–83). Außerdem gibt es noch den Kahlen Krempling und den Grünling (siehe Fotos), die in alten Pilzbüchern oft noch als essbar beschrieben sind. Mittlerweile werden diese Pilzarten jedoch mit tödlichen allergischen Reaktionen in Zusammenhang gebracht.

SCHON GEWUSST?

Der Grünling (Foto) kann tödliche Allergien auslösen. Für eine tödliche Vergiftung reichen schon 50–100 g Frischpilz aus.

Der Hutrand des giftigen Kahlen Kremplings ist immer eingerollt.

Sicher in den Wald

Im Gegensatz zur weiten Wildnis Kanadas oder Sibiriens gibt es in unseren Wäldern keine Bären. Die größten Gefahren gehen bei uns von durch Tieren übertragbaren Krankheiten oder von Wildschweinen aus.

Zecken

Zecken kann man durch geschlossene Kleidung (Hosenbeine in die Socken stecken) und mit Abwehrsprays oder -cremes aus Drogerien oder Apotheken leicht abwehren. Auch gründliches Absuchen nach dem Aufenthalt im Wald hilft, um die Zecken sofort entfernen zu können. Dadurch wird zumindest einer Ansteckung mit Borreliose vorgebeugt, denn die Zecke muss mehrere Stunden saugen können, bevor die Erreger (Borrelien) in das menschliche Blut gelangen. Die Erreger der Frühsommer-Meningoenzephalitis (FSME) dagegen können sofort nach dem Zeckenbiss ins Blut übergehen. Eine FSME-Impfung empfiehlt sich besonders in Risiko-Gebieten.

Haben Sie sich doch mal eine Zecke eingefangen, dann sollten Sie die Stelle mit einem Kugelschreiber einkreisen und die Zecke mit einer Pinzette entfernen. Falls an der Stichstelle eine Rötung auftritt, sollten Sie zur Sicherheit den Arzt aufsuchen.

Auf frischer Tat ertappt: Reineke Fuchs auf der Pirsch.

SAMMELTIPP

Tragen Sie im Wald ruhig auffällige Farben und treten Sie ab und zu auf einen Ast. Das hilft unliebsame Begegnungen mit Wildschweinen zu vermeiden.

Fuchsbandwurm

Immer wieder liest man auch der Gefahr durch den Fuchsbandwurm. Es ist mittlerweile erwiesen, dass eine Infektion über Haustiere wie Hund und Katze weit wahrscheinlicher ist als durch einen Waldspaziergang. Da Sie gesammelte Pilze niemals roh essen sollten, sondern durchgebraten oder gekocht, ist die Gefahr bereits gebannt.

Wildschweine

Ernst zu nehmen sind dagegen Wildschweine, die in Deutschland mittlerweile zu jeder Jahreszeit Nachwuchs bekommen. Die Frischlinge werden von ihrer Mutter, der Bache, mutig verteidigt. Sie sollten sich deshalb nicht lautlos durch den Wald bewegen, um den Wildschweinen die Chance zur Flucht zu geben.

Es geht los: Essbare Pilze

Die auf den folgenden Seiten ausgewählten Pilze sind leicht zu finden, gut zu erkennen und sehr schmackhaft. Sie erfreuen sich bei Pilzsammlern großer Beliebtheit und können bei genauem Hinschauen kaum mit giftigen Arten verwechselt werden. Vielleicht wollen Sie sich am Anfang einer Gruppe Gleichgesinnter anschließen, denn geteilte Freude ist doppelte Freude. Naturschutzorganisationen wie der NABU oder die Deutsche Gesellschaft für Mykologie (DGfM e.V.) bieten geführte Pilzwanderungen an. Ein Geheimtipp ist die Schwarzwälder Pilzlehrschau in Hornberg.

König Karl-Johann

Ein richtiger Pfundskerl mit Netzstrümpfen ist er, der Steinpilz. Er ist bei allen Pilzsammlern hoch begehrt, in manchen Jahren aber eher selten zu finden. Der Schwedische König Karl-Johann XIV. liebte Steinpilze über alles und machte sie in ganz Schweden bekannt. So heißt der Steinpilz in Schweden auch heute noch „Karljohanssvamp".

Hier wird gesucht

Steinpilze können Sie im Wald an drei charakteristischen Orten finden. Suchen Sie den Fichtensteinpilz am besten in dunklen, feucht-moosigen Fichtenwäldern. Den Sommerstein-pilz finden Sie vor allem im Buchen-mischwald an sonnenbeschienenen Stellen, meist in Wegnähe. Der Kiefern-steinpilz findet sich, wie der Name schon verrät, in Kiefernwäldern.

STECKBRIEF

Hut Jung halbkugelig, 2–10 cm, hell- bis dunkelbraun; alt ausgebreitet bis 25 cm, weich; immer dickfleischig

Röhren Jung weiß, dann gelblich und im Alter olivgrün; die Röhrenschicht lässt sich vom Hut abtrennen

Stiel Jung dick und bauchig; manchmal auch lang gestreckt, wenn der Steinpilz aus tiefem Laub herauswächst; oben mit charakteristi-schem, weißem Netz

Fleisch Weiß, jung fest, alt weich; verfärbt sich beim Anschneiden nicht; Geruch angenehm pilzig, Geschmack mild und etwas nussig

Netz weiß oder braun?

Obwohl Steinpilze leicht zu erkennen sind, gibt es einen unangenehmen Doppelgänger, den Gallen-Röhrling (S. 21). Der Steinpilz hat besonders oben am Stiel ein weißliches Netz, der Gallen-Röhrling ein braunes. Im Zweifelsfall einfach ein Stückchen kosten. Der ungiftige Gallen-Röhrling macht seinem Namen alle Ehre – gallebitter!

Steinpilz
Boletus edulis

SAMMELTIPP

Die typische Farbe der Röhren unter dem Hut: olivgrün. Geringe Fraßspuren können Sie einfach wegschneiden.

Das Gold des Waldes

Wenn Sie den Pfifferling finden, dann leuchtet er Ihnen regelrecht entgegen. Er ist einer der beliebtesten und schmackhaftesten Speisepilze. Der einzige Pferdefuß ist, dass er in manchen Gegenden nicht sehr häufig vorkommt, während er anderswo in Massen auftritt. Mancherorts heißt er im Volksmund auch „Eierschwamm". Das liegt an den charakteristischen dotterfarbenen Fruchtkörpern.

Hier wird gesucht

Der Pfifferling kommt sowohl im Nadel- als auch im Laubwald vor. Der Trick ist, nur in natürlichen und ungestörten Wäldern mit alten Bäumen und viel totem Holz zu suchen. Am besten in Gebieten, die von Natur aus viel Regen bekommen, wie unsere Mittelgebirge.

Geschmacksexplosion

Der Pfifferling hat einen besonders intensiven, deftigen Geschmack und wird gerne zu Wildgerichten gereicht. Doch ein reines Pilzgericht aus Pfifferlingen stellt alles andere in den Schatten. Beim Sammeln sollten Sie den Pfifferling mit Pilzmesser und Borstenpinsel gleich putzen. Haben Sie mal kein Glück bei der Suche, so können Sie ihn ab August im Supermarkt kaufen. Doch Vorsicht! Diese Pfifferlinge werden im Ausland gesammelt und sind durch lange Transportwege oft matschig und schimmlig.

STECKBRIEF

Hut Jung bis 3 cm, Hutrand nach unten eingerollt; reif ausgebreitet und trichterförmig, Hutrand wellig, 10 cm und größer; Farbe von blass- bis kräftig eigelbfarben, niemals orangene Farbtöne! Pfifferlinge wachsen oft in Gruppen.

Leisten Der Pfifferling hat keine Lamellen, sondern Leisten, die am Stiel herablaufen und oft netzartig verbunden sind.

Stiel Nicht hohl, kräftig, gleiche Farbe wie der Hut

Fleisch Fest, aber brüchig, im Stiel etwas faserig, weiß bis gelblich; Geruch angenehm

Pfifferling

Cantharellus cibarius

VORSICHT, DOPPELGÄNGER!

Tödlich giftiger Raukopf (links) und Pfifferling (rechts) im Vergleich. Der ungenießbare und leicht giftige Falsche Pfifferling hat einen dünneren Stiel, orangene Farbtöne, und er wächst oft einzeln.

Würzpilz mit gruseligem Namen

Die unverkennbare Herbsttrompete heißt in manchen Gegenden auch „Totentrompete", was nichts Gutes erwarten lässt. Sie ist jedoch einer der besten Würzpilze, deren Aroma fast an das der Morchel und der Trüffel heranreicht. Zudem lässt sie sich sehr gut trocknen und in pilzarmen Zeiten zum Würzen von Saucen verwenden.

Hier wird gesucht

Buchen sollst Du suchen – und zwar die bei uns heimische Rotbuche (siehe Vorderklappe). Am günstigsten sind sonnenbeschienene Stellen, zum Beispiel kleine Lichtungen, die jedoch laubbedeckt und nicht grasbewachsen sind. Oft wächst die Herbsttrompete in pilzreichen Jahren in der Nähe von Steinpilzen.

Fast wie Trüffel

Wo die Herbsttrompete wächst, tritt sie meist gleich in Massen auf. Deshalb können Sie mit dem Pflücken wählerisch sein. Nehmen Sie nur junge, straffe Exemplare mit, denn durch die schwarze Farbe ist nicht gut erkennbar, ob alte und große Exemplare schon verdorben sind. Die Herbsttrompete eignet sich sehr gut zum Trocknen. Getrocknetes Material legen Sie vor dem Kochen kurz in Wasser ein. Zerkleinert können Sie damit einen schönen Kontrast in helle Saucen zaubern.

STECKBRIEF

Fruchtkörper Trichter- oder trompetenförmig, bis 12 cm hoch, Rand nach außen umgebogen; Farbe je nach Feuchtigkeit von hellgrau bis grauschwarz, innen dunkler als außen; Außenseite überall samtig grau, bei älteren Exemplaren runzelig; oft büschelig

Stiel Der Trompetentrichter geht nahtlos in einen hohlen Stiel über. Er besitzt weder Lamellen noch Leisten, sondern ist glatt geformt.

Fleisch Dünnfleischig und zäh, grau bis schwärzlich mit angenehmem Geruch und mildem Geschmack

Herbsttrompete

Craterellus cornucopioides

SCHON GEWUSST?

Herbsttrompeten wachsen oft scharenweise. Bei trockenem Wetter kann die Herbsttrompete auch grau aussehen.

Riesenpilzschnitzel

Der Riesenschirmpilz, auch Parasol genannt, macht seinem Namen alle Ehre – riesig ist er. Nachdem er mit geschlossenem Hut wie ein Paukenschlegel aus dem Waldboden aufgetaucht ist, spannt er seinen Schirm auf und lockt nicht nur Pilzsammler an. Wer bei der Pilzsuche auf Nummer sicher gehen will, kann mit dem Riesenschirmling wenig falsch machen.

Hier wird gesucht

Den Riesenschirmling finden Sie im Buchenlaubwald, oftmals in Wegnähe an sonnenbeschienenen, laubbedeckten Stellen. Nicht am Waldrand oder auf Wiesen suchen, dort gibt es ähnlich aussehende z. T. giftige Arten. Finger weg von kleinen, schmächtigen Arten, die dem Riesenschirmling ähnlich sehen.

Er läuft safranrot an?

Dann haben Sie die Schwesterart, den Safran-Riesenschirmling gefunden, der ebenfalls essbar ist. Dieser wächst eher im Nadelwald. Beide Arten haben einen verschiebbaren Ring oben am Stiel. Gelegentlich sind die Lamellen von kleinen Käfern besiedelt, die Sie durch energisches Klopfen auf den Schirm in die Flucht schlagen können. Der Stiel ist holzig und wenig schmackhaft. Den Schirm wie Schnitzel panieren und in der Pfanne braten.

STECKBRIEF

Hut Jung kugelförmig; reif halb geöffnet oder ganz aufgespannt bis 25 cm Durchmesser; Oberseite mit großen Schuppen

Lamellen Dicht stehend, weiß; nicht am Stiel angewachsen, sondern frei

Stiel Bräunliche Schuppen beim Riesenschirmling; glatt und leicht bräunlich beim Safran-Riesenschirmling, läuft bei Verletzung safranrot an; beide Arten mit dickem, verschiebbarem Ring

Fleisch Hut weich und schwammig, Stiel hart und faserig. Der Stiel ist unten in der Erde knollenartig verdickt.

Riesenschirmling
Macrolepiota procera

SCHON GEWUSST?

Der Stiel des sehr ähnlichen Safran-Schirmlings läuft bei Verletzung safranrot an.

Ein Pilz, der Milch gibt

Der Edel-Reizker gehört zur Verwandtschaft der Milchlinge. Brechen Sie ein Stück vom Hut eines Milchlings ab, so tritt „Milch" aus. Diese Milch können Sie vorsichtig mit der Zungenspitze probieren. Keine Angst, es passiert nichts. Sie kann neutral oder auch scharf, bitter oder harzig schmecken. Die Reizker haben orangefarbene bis rote Milch.

Hier wird gesucht

Suchen Sie in Kiefernwäldern mit sandigem, nadel- und moosbedecktem Boden. Auch auf kargen Wacholderheiden, wie der Lüneburger Heide, können Sie fündig werden.

STECKBRIEF

Hut Dickfleischig, jung orangefarben und halbkugelig; alt orange- bis grünspanfarben, ausgebreitet bis 12 cm und trichterförmig; Hutoberseite mit Wasserflecken

Lamellen Blass orangefarben, nicht am Stiel herablaufend

Milch Orangefarben und auch nach einiger Zeit ohne Farbänderung. Die Milch des Fichten-Reizkers verändert sich nach ca. 15 Minuten von orangefarben nach blutrot.

Stiel Orangefarben mit Wasserflecken; jung voll, älter hohl werdend

Fleisch Fest, blass orangefarben bis weißlich

Auf orangefarbene Milch achten

Wer den Edel-Reizker sucht, ist auf der sicheren Seite. Denn alle Reizker, die eine orangefarbene Milch haben, sind essbar. Wachsen dort auch Fichten, so kann es passieren, dass Sie den recht ähnlichen Fichten-Reizker erwischen, der im Geschmack allerdings etwas harzig ist. Die Reizker haben zwei merkwürdige Eigenschaften: Werden sie älter, so verfärben sich die Fruchtkörper grünspanartig, und nach einer Reizkermahlzeit färbt sich der Urin rot, wie nach dem Essen von Rote Beete. Reizker schmecken am besten scharf angebraten in der Pfanne (siehe Rezept S. 87).
Wachsen im Kiefernwald auch Birken, so droht eine Verwechslung mit dem giftigen Zottigen Birken-Milchling, dessen Milch allerdings eindeutig weiß ist.

Edel-Reizker

Lactarius deliciosus

SCHON GEWUSST?

Der sehr ähnliche, ebenfalls essbare Fichten-Reizker wächst wirklich nur unter Fichten.

Die Auster unter den Pilzen

Der Austern-Seitling wird in Deutschland für den Markt nicht im Wald gesammelt sondern, wie die echten Austern auch, gezüchtet. Es gibt ihn in verschiedenen Farben und Formen zu kaufen, die unterschiedlich schmecken. Der Austern-Seitling ist einer der wenigen „Fleisch fressenden" Pilze. Er ist in der Lage, kleine Fadenwürmer mithilfe einer betäubenden Substanz zu fangen und zu verdauen.

Hier wird gesucht

Sie müssen dickes liegendes oder stehendes Totholz von Laubbäumen, besonders das von Buchen, unter die Lupe nehmen. Sogar bei Schnee in der kalten Jahreszeit werden Sie fündig, denn die Austern-Seitlinge bilden erst ab 11 Grad und darunter Fruchtkörper aus. Wie wäre es also mit einem Weihnachts-Menü aus frischen Pilzen?

Hell oder dunkel

Der Austern-Seitling kann in der Farbe des Hutes sehr variabel sein, von ockerfarben über schiefergrau bis braun. Diese Farbvielfalt und die dachziegelartige Anordnung der muschelförmigen Pilze ergeben ein schönes Fotomotiv. Geschmacklich sind die in der Natur gesammelten Austern-Seitlinge den Gezüchteten weit überlegen. Manchmal kommt man nicht leicht an sie heran, weil sie in luftiger Höhe wachsen.

STECKBRIEF

Hut Seitlich gestielt, jung muschelförmig; reif oval, etwas trichterförmig, bis 15 cm groß; im Alter am Rand gewellt; Farbe beige (Sommer) bis schiefergrau oder braun (Winter); stehen nie einzeln, sondern immer übereinander

Lamellen Dicht stehend; jung weißlich bis cremefarben; alt gelblich und immer weit am Stiel herablaufend

Stiel Seitlich oder unter dem Hut sitzend, mit herablaufenden Lamellen

Fleisch Jung weißlich und weich; alt besonders im Stiel zäh

Austern-Seitling
Pleurotus ostreatus

VORSICHT, DOPPELGÄNGER!

Der leicht giftige Muschel-Seitling ist wesentlich kleiner und hat Lamellen, die am gelb-samtigen Stiel ab-rupt auf-hören.

Weißer Riese

Was würde passieren, wenn aus jeder Spore, die ein Riesen-Bovist bildet, ein neuer Fruchtkörper wachsen würde? Das ergäbe das Volumen der Sonne! Die Praxis sieht aber anders aus. Der Riesen-Bovist ist heutzutage sehr selten, denn ihm fehlen natürlich gedüngte Weiden mit glücklichen Kühen. Er ist von seiner Form und Größe so charakteristisch, dass Sie ihn mit keinem anderen Pilz verwechseln können.

Hier wird gesucht

Raus aufs Land, heißt die Devise. Am besten in kleine Dörfer, wo es noch Bauern gibt, die ihre Kühe auf natür-lichen Weiden oder Streuobstwiesen grasen lassen. Dort können Sie mit etwas Glück die weißen Bälle im Som-mer schon von weitem leuchten sehen.

Klein ist besser als groß

Der Riesen-Bovist kann wirklich riesig werden. Zeitungen berichten immer wieder von Rekordfunden mit einem halben Meter Durchmesser. Diese reifen Exemplare sind allerdings nicht mehr genießbar. Solange das Innere des Riesen-Bovists noch rein weiß ist, gilt er in Scheiben paniert als eine Delikatesse (S. 90). Wenn er innen gelb wird, schmeckt er nicht mehr. Leider ist der Riesen-Bovist auch Treffpunkt gefräßiger Nacktschnecken, die große Löcher hinterlassen. Wird der Riesen-Bovist alt, so bilden sich in seinem Inneren Billionen von Sporen aus. Das funktioniert auch noch, nachdem man den Pilz geerntet hat. Man muss ihn also nach dem Sammeln sofort verar-beiten, sonst reift er nach und wird ungenießbar. Trick: Eine Nacht im Kühl-schrank verhindert das Nachreifen.

STECKBRIEF

Fruchtkörper Jung rund und apfel-groß; älter weiß und handballgroß; alt etwas unförmig und basketball-groß; immer mit glatter, lediger Außenhaut; Fruchtkörper mit einem „Wurzelstrang" im Boden verankert

Fleisch Jung weiß, angenehm pilzig riechend und fest; reif gelb und alt schließlich zu einer olivgrünen pulvrigen, unangenehm riechenden Masse zerfallend

Riesen-Bovist

Langermannia gigantea

VORSICHT, DOPPELGÄNGER!

Der Hasen-Stäubling hat eine ähnliche Form, aber eine raue Außenhaut und ist viel kleiner. Er ist nur im jungen Stadium genießbar und wächst auf Trockenrasen.

Würziger Badeschwamm

Die Krause Glucke hat nichts mit Hühnern zu tun. Sie sieht von weitem eher wie ein riesiger Badeschwamm aus. Zu ihrem Wirtsbaum, der Kiefer, ist sie nicht besonders nett, denn dieser Pilz ist ein Parasit und verursacht Braunfäule. Unverwechselbar und ohne giftige Doppelgänger ist die Krause Glucke eine kulinarische Delikatesse.

Hier wird gesucht

Sandiger Boden und Kiefern: Hier können Sie sehr zielgerichtet suchen. Erfahrungsgemäß wächst die Krause Glucke besonders gern an West- oder Südhängen und zwar meistens direkt am Wurzelanlauf der Kiefer. Manchmal findet man sie jedoch auch am Stamm oder auf einem alten Baumstumpf.

STECKBRIEF

Fruchtkörper Jung faustgroß; reif so groß wie ein Fußball und größer; unregelmäßig verzweigt, die einzelnen Äste sind kraus und mit eingebogenem Rand

Farbe Jung hellbeige, reif hellbraun; alt oft von grünen Schimmelpilzen befallen und dann ungenießbar

Vorkommen Spätsommer bis Herbst, besonders an Kiefern

Der Küchenchef rät

Durch die besondere Form setzen sich in den korallenartigen Ästen des Pilzes oftmals Sand und Erde fest. Sie sollten die Krause Glucke deshalb nicht zu tief abschneiden oder gar aus dem Boden herausdrehen, denn sie ist schwer von anhaftender Erde zu reinigen. Nehmen Sie einfach nur die sauberen, jungen Teile des Pilzes mit. Zu Hause schneiden Sie die Krause Glucke in kleine Stücke oder Scheiben, um eventuelle Verschmutzungen mit einem Pinsel zu entfernen, und dann ab in die Pfanne (Rezept S. 87).

Am Fuß von Tannen oder Fichten kommt die sehr ähnliche Breitblättrige Glucke vor, ebenfalls ein guter Speisepilz. Sie ist allerdings selten und in der Roten Liste der Pilze Deutschlands in ihrem Bestand als sehr gefährdet eingestuft. Erfreuen Sie sich bitte nur an ihrem Anblick.

SCHON GEWUSST?

Die ähnliche Breitblättrige Glucke hat wellig geformte Äste und ist weißlich bis strohfarben.

Mu-err, das Holzohr

Schon die chinesischen Kaiser haben ihn gegessen, und es werden ihm heilende Kräfte nachgesagt. Er ist aus der chinesischen Küche nicht mehr wegzudenken. Heutzutage können Sie das Judasohr in jedem Supermarkt als getrocknete Ware kaufen. Hier erfahren Sie, wo Sie den Pilz mit Sicherheit selbst sammeln können.

Hier wird gesucht

Suchen Sie bevorzugt in Gehölzen, die in Gewässernähe oder an feuchten Stellen stehen. Den Blick oben halten, denn das Judasohr wächst in den Ästen von Holunderbüschen und Eschen. Bei trockener Witterung ist der Pilz schwarz und unansehnlich. Bei regnerischem Wetter dagegen zeigt er sich so, wie Sie ihn aus dem Restaurant kennen: Glibberig knorpelig und braun.

Nicht nur im Herbst

Pilze im Winter suchen? Kein Problem, denn dieser Pilz mag Schmuddelwetter. Also raus mit Regenschirm und Gummistiefeln. Vom Spätherbst bis ins Frühjahr lässt sich das Judasohr finden – und das meist in Massen. Getrocknet lässt es sich leicht aufbewahren. Für die Zubereitung, z. B. in Wan-tan-Suppe, den Pilz einfach vorher in Wasser einlegen, sodass er sich vollsaugen kann. Anschließend in feine Streifen schneiden. Judasohren sind sehr gesund, denn sie enthalten viel Eisen, Kalium und Magnesium. Außerdem sind sie reich an Phosphor, Silicium und Vitamin B1.

STECKBRIEF

Fruchtkörper Jung löffelförmig mit samtiger Oberfläche, alt bis Handteller groß; ohrenartig gelappt, immer braun bis dunkelbraun

Beschaffenheit Bei Trockenheit hart, bei Feuchtigkeit knorpelig bis gelatinös

Vorkommen Vom Herbst bis ins Frühjahr in Massen, vor allem an totem Holunderholz

Judasohr

Auricularia auriculae-judae

VORSICHT, DOPPELGÄNGER!

Der Gezonte Ohrlappenpilz sieht zwar ähnlich aus, ist aber ungenießbar.

Fast wie Trüffel

Im Frühjahr bricht in manchen Gegenden ein regelrechter Wettlauf um die besten Morchelplätze aus. Von Feinschmeckern fast so begehrt wie die Perigord-Trüffel ist die Morchel in der Gourmetküche ein absolutes Highlight. Doch Vorsicht! Die Morcheln haben ungenießbare, zum Teil sogar sehr giftige Doppelgänger – die Lorcheln.

Hier wird gesucht

Bach- und Flussauen, umgeben von Wald, sind hier das Ziel. Links und rechts des Gewässers unter Erlen und Eschen wächst die Speise-Morchel oft schon im April gut versteckt im grünen Unterwuchs. Die Spitz-Morchel ist jedoch weit häufiger und viel leichter zu finden. Sie wächst oft im Rindenmulch von Vorgärten und das gleich massenweise.

Achtung, Lorcheln!

Wer Morcheln sammeln will, muss unbedingt die Unterscheidungsmerkmale zu den sehr giftigen Lorcheln kennen! Einfach den Fruchtkörper längs durchschneiden. Ist er innen komplett hohl und sieht außen aus wie eine Bienenwabe, ist es eine Morchel. Ist er innen gekammert und hat außen ein eher verschrumpeltes Aussehen, ist es die sehr giftige Lorchel. Das besondere Aroma der Morchel wird noch gesteigert, wenn Sie die zuvor getrockneten Pilze zu einer Rahmsauce verarbeiten (Rezept S. 91). Mit diesem leckeren Gericht können Sie in der kalten Jahreszeit die Erinnerung an den Morchel-Fund des Sommers noch einmal aufleben lassen.

STECKBRIEF

Hut Eiförmig bis spitzkonisch, alt faustgroß; honigfarben, beige bis fast schwarz, innen komplett hohl. Es gibt unterschiedliche Farbvarianten! Hutoberfläche immer bienenwabenartig

Stiel Beige und immer komplett hohl, nach oben zum Hut etwas verjüngt

Vorkommen Von April bis in den Sommer hinein

VORSICHT, DOPPELGÄNGER!

Die Herbst-Lorchel ist fast ganz weiß und hat wie die tödlich giftige braune Frühlings-Lorchel einen gekammerten Stiel.

Macht blau

Der Maronen-Röhrling ist dem Steinpilz nicht unähnlich, wird aber bei Berührung der Röhren sofort blau. Eine unangenehme Eigenschaft darf nicht verschwiegen werden: Dieser Pilz speichert in seiner braunen Huthaut bevorzugt Schwermetalle und somit auch das radioaktive Cäsium aus Kernkraftunfällen. Besonders in Süddeutschland sollten Sie den Pilz deshalb nicht zu häufig essen.

Hier wird gesucht

In Laubwäldern, aber besonders in Nadelwäldern unter Fichten, kommt der Maronen-Röhrling häufig vor, meist in Begleitung von Heidelbeeren.

Nur ab und zu

Die Dosis radioaktiver Strahlung bei einer Pilzmahlzeit von 200 g hoch belasteten Maronen-Röhrlingen aus Südbayern entspricht laut Bundesamt für Strahlenschutz etwa 0,01 Millisievert. In den meisten Gebieten Deutschlands liegt die natürliche Strahlenbelastung der Menschen pro Jahr sogar hundertmal höher. Wer trotzdem Bedenken hat, sich der geringen Belastung mit Schwermetallen auszusetzen, sollte auf den Maronen-Röhrling verzichten.

Die blaue Farbreaktion bei Berührung kommt von der Umwandlung gelber Farbstoffe in blaue durch den Luftsauerstoff. Diese Farbreaktion gibt es auch beim Flockenstieligen Hexen-Röhrling (S. 52) und beim Rotfuß-Röhrling (S. 56).

STECKBRIEF

Hut Jung halbkugelig und 3 cm im Durchmesser, braun; reif ausgebreitet und esskastanienbraun (Name!), 15 cm im Durchmesser; bei feuchtem Wetter Hut schmierig; Form polsterartig gewölbt, im Alter flacher werdend

Röhren Jung hell-olivgrün; reif olivgrün. Die Röhrenschicht wird auf Druck oder beim Anschneiden schnell blau.

Stiel Manchmal massig und dick, manchmal eher lang und dünn (besonders auf Grasboden); gelb-bräunlich, mit bräunlicher Längsfaserung, kein Netz wie beim Steinpilz

Maronen-Röhrling

Xerocomus badius

SAMMELTIPP

Sehen Sie sich die Röhren an: Nicht jeder Maronen-Röhrling ist so gut wie dieser. Ältere Exemplare werden oft vom giftigen Gold-schimmel befallen (vgl. Sammeltipp auf S. 57).

Gute Hexe mit Flocken

Der Flockenstielige Hexen-Röhrling signalisiert durch seinen Namen und die roten Röhren, dass er giftig sein könnte. Viele Pilzsammler lassen ihn deshalb aus Unkenntnis stehen, obwohl er ein hervorragender Speisepilz ist. Teilweise ist er dem Steinpilz sogar überlegen, weil er selten von Maden befallen wird. Wer bei diesem Pilz genau hinschaut, kann nichts falsch machen.

Hier wird gesucht

Ähnlich dem Steinpilz bevorzugt der Flockenstielige Hexen-Röhrling Buchen und Fichten. Allerdings wächst er fast ausschließlich auf kargem, sandigem Boden. Moose und Heidelbeerkraut sind sichere Anzeiger solcher Bodenverhältnisse.

Bei Stiel- und Hutfarbe aufpassen!

Es gibt wenige Röhrlinge bei uns, deren Hutunterseite ebenfalls rot ist und bei Druck blau wird. Sie unterscheiden sich hauptsächlich durch ihre Hutfarbe, ihre Stieloberfläche sowie dem Ort, an dem sie wachsen. Der sehr giftige Satans-Röhrling (S. 81) hat einen hellgrauen Hut, sein Stiel ist unten rot und nach oben zum Hut hin gelb. Er wächst nur auf kalkigem, fruchtbarem Boden mit viel Pflanzenunterwuchs. Der giftige Netzstielige Hexen-Röhrling hat ein rotes Netz auf dem Stiel.

STECKBRIEF

Hut Statur wie der Steinpilz; jung kugelig, reif ausgebreitet und dickfleischig, bis 15 cm; Hutoberfläche braun und feinfilzig

Röhren Orangefarben bis Rot, auf Berührung sofort stark blauend

Stiel Bauchig bis langkeulig, zuweilen auch zylindrisch und bis 12 cm lang; von gelber Grundfarbe, die durch viele kleine Flocken orangerot eingefärbt ist. Niemals glatt oder mit Netz!

Fleisch Gelb und im Anschnitt sofort stark blauend. Die Färbung verschwindet bei der Zubereitung wieder.

Flockenstieliger Hexen-Röhrling

Boletus erythropus

Düster, aber lecker

Der Birkenpilz gehört zur Gattung der Raufußröhrlinge. In diese Gattung gehört auch die Espen-Rotkappe. Alle Raufußröhrlinge sind essbar, hier sind Sie also auf der sicheren Seite. Eine Eigenschaft ist ihnen allen gemein und macht sie unverkennbar: Ihr Fleisch wird teils schon im Anschnitt, aber spätestens beim Trocknen oder der Zubereitung schwarz.

Hier wird gesucht

Wie der Name schon sagt: Birken, die möglichst in der Nähe von Fichten stehen, versprechen Erfolg. Nicht selten kommt der Birkenpilz in Parkanlagen und auf Friedhöfen vor.

Unter Hainbuchen finden Sie den ähnlich aussehenden Hainbuchen-Raufußröhrling, der ebenfalls essbar ist.

Interessante Farbkombination

Viele Pilzsammler lassen den Birkenpilz und seine Verwandten stehen, da sich das Fleisch bei der Zubereitung schwarz verfärbt. Das ist jedoch völlig ungefährlich und lässt sich auf die Oxidation der Inhaltsstoffe zurückführen. Die Verfärbung kann zusammen mit anderen Pilzen, wie dem Pfifferling, eine interessante Farbkombination in Pilzgerichten ergeben. Alle Raufußröhrlinge sind geschützt, dürfen aber in geringen Mengen zum eigenen Verbrauch gesammelt werden. In Scheiben geschnitten, lassen sie sich gut trocknen.

STECKBRIEF

Hut Jung halbkugelig und 2–5 cm; reif kissenförmig, bis 12 cm; Hutoberfläche samtig und je nach Art hell- bis dunkelbraun

Röhren Jung weißlich, reif gräulich, auf Druck bräunend

Fleisch Jung fest, alt schwammig; im Anschnitt zunächst nicht schwärzend, erst beim Trocknen oder bei der Zubereitung; andere Raufußröhrlinge schwärzen oft schon beim Anschneiden

Stiel Auch jung schon bis 10 cm lang, alt bis 20 cm; 1–3 cm dick und immer mit schwarzen, feinen Schuppen

Birkenpilz

Leccinum scabrum

Rote Füße

Der Rotfuß-Röhrling ist bis in den Spätherbst hinein oft ein richtiger Massenpilz und im Laubwald leicht zu finden. Allerdings wird die Sammelfreude häufig getrübt, weil sich ein Parasit namens Goldschimmel der reiferen Exemplare bemächtigt und diese dann sogar giftig macht.

Hier wird gesucht

Der Rotfuß-Röhrling kommt im Laub- und Nadelwald an Waldrändern und sogar in Parkanlagen vor. Dieser häufige Pilz wächst auch dann, wenn andere Speisepilze noch mit dem Wachstum zögern.

Bitte nur junge Exemplare

Der Rotfuß-Röhrling ist ein schmackhafter Pilz, der allerdings schnell verdirbt. Sie sollten daher nur junge Exemplare verwenden, die Sie schon beim Sammeln genauestens auf einen möglichen Befall mit dem Goldschimmel prüfen. Den Befall erkennen Sie daran, dass die gelben Röhren oder der Hut von einer samtigen, weißlich bis gelben Schimmelschicht überzogen sind – solche Pilze bitte im Wald lassen.

Bei Trockenheit reißt die Huthaut des Rotfuß-Röhrlings ganz typisch mosaikartig ein. Durch die filzige Beschaffenheit des Hutes wirkt der Pilz selbst bei Regen nicht schmierig. Der sehr ähnliche und ungenießbare Schönfuß-Röhrling hat bitteres Fleisch und ein helles Netz am Stiel.

Der Rotfuß-Röhrling eignet sich gut als Mischpilz und nimmt den Geschmack der anderen Pilze an.

STECKBRIEF

Hut Jung halbkugelig, dunkelbraun; reif kissenförmig, hellbraun, bis 10 cm; Oberfläche bei Trockenheit oft stark rissig; Fraßstellen rötlich verfärbt

Röhren Jung blass hellgelb, reif olivegelb, alt schwammig; auf Druck langsam blauend

Fleisch Weiß bis gelblich, unter der Huthaut rötlich; im Anschnitt oder auf Druck langsam blauend

Stiel Jung teils recht lang, auch reif immer dünn (bis 1,5 cm); immer mit mehr oder weniger starken Rottönen, gehen unter dem Hut in gelb über. Nie mit Netz oder Flocken!

Rotfuß-Röhrling

Xerocomus chrysenteron

SAMMELTIPP

Diese vom Goldschimmel befallenen Exemplare lassen Sie besser im Wald.

Der Lärchen-Freund

Der Goldgelbe Lärchen-Röhrling geht eine enge Symbiose mit nur einer einzigen Baumart ein: Der Lärche. Der Fachmann nennt das „Mykorrhiza". Ursprünglich war die Lärche nur im Alpenraum beheimatet. Förster haben sie aber wegen ihres hervorragenden Bauholzes in unseren Wäldern angepflanzt – und der Lärchen-Röhrling ist ihr bis ins Flachland nachgefolgt.

Hier wird gesucht

Halten Sie Ausschau nach Lärchen, den Partnerbäumen dieses Pilzes! Wo auch immer eine Lärche steht, ist der Goldgelbe Lärchen-Röhrling nicht weit.

Unter den Hut schauen!

Der Lärchen-Röhrling gehört zur Gruppe der Schmierröhrlinge, deren Hutoberfläche schmierig schleimig ist. Alle Schmierröhrlinge sind essbar, werden aber nicht von allen Menschen gleich gut vertragen. Wichtig ist, dass Sie bei noch geschlossenen Exemplaren nachschauen, ob der Hut auch wirklich Röhren und keine Lamellen besitzt, denn es gibt auch sehr giftige Blätterpilze mit schmierig schleimigem Hut. Der ebenfalls essbare Butterpilz, der einen braunen Hut, goldgelbe Röhren und einen weißen Ring hat, wächst ausschließlich unter Kiefern. Für die Zubereitung der Schmierröhrlinge muss die Huthaut abgezogen werden, die oft mit Bodenpartikeln oder Nadeln verschmutzt ist.

STECKBRIEF

Hut Jung kugelig und 2–3 cm, Röhrenschicht von einem Ring verschlossen; reif bis 15 cm; Hutoberfläche goldgelb bis orangefarben, bei feuchtem Wetter schmierig schleimig, bei trockenem Wetter klebrig

Röhren Goldgelb; jung von einem Schleier bedeckt, der später vom Hut abreißt und als Ring am Stiel verbleibt

Stiel Etwa fingerdick, braun marmoriert und zum Hut hin oberhalb des Rings goldgelb; manchmal auch schmierig

Fleisch Jung weißlich und fest, älter goldgelb und schwammig; im Anschnitt bräunend

Lärchen-Röhrling

Suillus grevillei

SAMMELTIPP

Die schleimigen Hüte der Schmierröhrlinge ziehen Schmutz magisch an. Sie sollten deshalb die Huthaut vor Ort abziehen, ehe Sie die Pilze in den Sammelkorb legen.

Massenpilz

Der Champignon steht unter den gezüchteten Pilzen in Deutschland auf Nummer eins. Jährlich werden etwa 64.000 Tonnen produziert und landen hauptsächlich in Konserven, Rahmsaucen und auf der Pizza. Wer Wiesen-Champignons selbst sammeln will, sollte sich wegen der giftigen Doppelgänger sehr gut auskennen! In vielen Pilzbüchern heißen Champignons auch „Egerlinge".

Hier wird gesucht

Der Wiesen-Champignon wächst besonders nach Sommergewittern auf Wiesen und Rasenflächen. Allerdings verträgt er keine künstliche Düngung. Wie beim Riesen-Bovist sind hier also ländliche Regionen mit „altmodischer" Landwirtschaft das Ziel.

Lamellen und Stiel

Hier lauern Gefahren! Neben dem Wiesen-Champignon gibt es noch andere Champignonarten. Alle Arten haben rosafarbene und, wenn sie alt werden, braune Lamellen. Beim giftigen Karbol-Champignon läuft das untere Stielfleisch im Anschnitt chromgelb an. Der essbare Anis-Champignon dagegen hat eine schräge Knolle am Stielfuß, die bei Berührung gelb anläuft. Achtung: Besonders junge, geschlossene Exemplare des Wiesen-Champignons können mit weißen Exemplaren des tödlich giftigen Knollenblätterpilzes verwechselt werden!
Die im Supermarkt käuflichen Zucht-Champignons gehören einer eigenen Art an, dem Zweisporigen Egerling. Er kann im Keller auf beimpften Substratballen, die man als Fertigkulturen erwerben kann, selbst gezüchtet werden.

STECKBRIEF

Hut Jung geschlossen und kugelig, ca. 2–3 cm Durchmesser; reif Hut geöffnet und halbkugelig, bis 10 cm und mehr; alt vollständig ausgebreitet

Lamellen Jung mit rosa Farbton; reif braun

Stiel Etwa so stark wie ein Finger oder Daumen; mit Ring

Fleisch Hut und Stiel weiß, unveränderliche Farbe; Geruch angenehm pilzig

Wiesen-Champignon

Agaricus campestris

VORSICHT, DOPPELGÄNGER!

Der hochgiftige Grüne Knollenblätterpilz sieht dem Champignon sehr ähnlich. Riecht der Pilz nach Karbol oder Pflaster und das Stielfleisch läuft chromgelb an? Dann ist es der giftige Karbol-Egerling. Sofort weg-werfen!

Spargelpilz mit Tintenherz

Wussten Sie, dass der schnelllebige Schopf-Tintling am Ende seines Daseins zu einer tintenartigen Flüssigkeit zerfließt, mit der man tatsächlich Briefe schreiben kann? Außerdem werden ihm heilende Kräfte nachgesagt, die von der Regulation des Blutzuckers bis zur Unterstützung der Heilung von Krebserkrankungen reichen.

Hier wird gesucht

Auf gut gedüngten Wiesen und in Parkanlagen, oftmals sogar an Wegen. Bereits im Frühsommer wachsen manchmal ganze Büschel zugleich aus dem Boden.

STECKBRIEF

Hut Jung walzenförmig, immer komplett geschlossen, daumengroß, grob weiß-schuppig; später um 10 cm lang. Hutoberfläche mit weißen oder braunen Schuppen; älter rollt er sich vom Hutrand her auf und wird schwarz, schließlich zerfließt der ganze Hut zu einer schwarzen Flüssigkeit

Lamellen Extrem dicht stehend; jung weiß, älter rosafarben, reif schwarz

Stiel Außen weiß und glatt, innen röhrig hohl; nur wenig länger als der geschlossene Hut

Fleisch Jung weiß, älter rosa, schließlich schwarz zerfließend

Weiß ist besser als rosa

Der Schopf-Tintling ist ein schnelllebiger Genosse. Solange die walzenförmigen Hüte, die sich niemals aufspannen, im Fleisch und den Lamellen noch rein weiß sind, ergeben sie eine besonders zarte Pilzmahlzeit. Sobald sich das Fleisch aber rosa färbt, sollten Sie ihn stehen lassen, denn dann wird der Pilz bereits ungenießbar. Die Beute muss unbedingt noch am Sammeltag verarbeitet werden, denn der Alterungsprozess schreitet weiter. Deshalb können Sie den Schopf-Tintling auch nicht trocknen. Nur im Wald und dort nur auf kalkreichen Böden kommt der Specht-Tintling vor, der dem Schopf-Tintling in seiner Gestalt sehr ähnlich sieht. Er hat allerdings einen dunkelbraunen Hut mit weißen Schuppen und ist ungenießbar.

Schopf-Tintling
Coprinus comatus

VORSICHT, DOPPELGÄNGER!

Der kleinere Graue Faltentintling (S. 83) ist essbar, aber nur unter Alkoholverzicht 3 Tage vor und nach der Pilzmahlzeit. Das enthaltene Coprin blockiert den Alkoholabbau in der Leber.

Violetter Farbtupfer

Genau wie der Steinpilz geht der Violette Lacktrichterling eine Symbiose mit unseren Waldbäumen ein. Leider hat man noch nicht herausgefunden, wie man Steinpilze züchten kann, der Violette Lacktrichterling wächst im Labor jedoch ganz gut. Deshalb nehmen ihn Pilzforscher gerne, um den komplexen Stoffaustausch zwischen Pilz und Pflanze zu erforschen.

Hier wird gesucht

Der Violette Lacktrichterling kommt in allen Wäldern vor. Den größten Sammelerfolg werden Sie jedoch in Fichtenwäldern haben, deren Böden mit Nadeln und Moos bedeckt sind. Dort steht er häufig in kleinen Gruppen, aber nicht büschelig.

Niemals roh

Der Violette Lacktrichterling hat zwar keinen besonderen eigenen Geschmack, dafür können Sie ihn aber effektvoll als Farbtupfer in Pilzgerichten einsetzen, denn beim Kochen verliert er seine Farbe nicht. Er sollte allerdings nie roh in Salaten gegessen werden, wie es in manchen Pilzbüchern vorgeschlagen wird, sondern immer nur gebraten oder kurz blanchiert. Neben dem Violetten Lacktrichterling gibt es noch den Zweifarbigen und den Braunroten Lacktrichterling. Sie sehen dem Violetten Lacktrichterling oft sehr ähnlich. Eine Verwechslung ist aber nicht schlimm, denn auch sie sind essbar. Um eine Verwechslung mit dem ähnlichen und giftigen Rettich-Helmling zu vermeiden, sollten Sie an den Pilzen riechen. Bei Rettichgeruch: Bitte stehen lassen!

STECKBRIEF

Hut Jung halbkugelig, 1 cm; reif flach gewölbt; alt trichterförmig mit gewelltem Rand, bis 5 cm; feucht dunkelviolett, trocken blassviolett bis fast weiß

Lamellen Farbe wie der Hut mit wächsernem Aussehen

Fleisch Blassviolett, dünnfleischig

Stiel Farbe wie der Hut; jung 2 cm lang, 0,3 cm im Durchmesser; alt bis 6 cm lang und bis 1 cm im Durchmesser

Violetter Lacktrichterling

Laccaria amethystea

Bei der Vorbereitung wird nochmals kontrolliert, ob auch die Lamellen violett sind. Dann Pilze kurz in Butter anbraten und in eine helle Tomatencremesuppe geben. Sieht klasse aus!

Vertreter einer Großfamilie

Der Speise-Täubling ist unter Pilzkennern ein geschätzter Speisepilz. Der Haken an der Sache ist nur, dass es in unseren Breiten rund 150 verschiedene Täublingsarten gibt, die zum Teil sehr ähnlich aussehen! Einige Arten haben lebhaft gefärbte Hüte. Die Grundregel lautet: Sind sie im Geschmack mild – sind sie essbar.

Hier wird gesucht

Der Speise-Täubling wächst im Laub- und Nadelwald. Am besten suchen Sie in Wäldern mit Heidelbeerkraut und wenig Unterwuchs. Dort stehen die Pilze meist einzeln und nie in großen Gruppen.

Geschmacksprobe und Bruchtest

Die Täublinge gehören zur Gattung der Sprödblättler, die sich dadurch auszeichnen, dass ihre Lamellen bei Berührung meist absplittern. Bricht man ihre Fruchtkörper auseinander, macht es hörbar „knack". Sie müssen das Fruchtkörperfleisch für eine sichere Bestimmung roh probieren. Lösen Sie dazu aus einer sauberen Stelle im Inneren ein Stück heraus und zerkauen es. Bleibt der Geschmack auch nach einer Minute noch angenehm, ist die Art essbar. Vorsicht bei bitterem, scharfem Geschmack! Diese Pilze sind ungenießbar oder sogar giftig. Aber keine Angst: Selbst wenn Sie den gallebitteren Gallen-Täubling erwischen, werden Sie ihn ohnehin schnell wieder ausspucken! Das ist ungefährlich.

STECKBRIEF

Hut Jung halbkugelig, 2–4 cm; reif gewölbt; alt trichterförmig, bis 10 cm; rosafarben, oft mit violetten Farbtönen. Die farbige Huthaut ist am Rand immer etwas zurückgezogen, wie geschrumpft, sodass man die Lamellen deutlich hindurchsieht.

Lamellen Jung weiß und biegsam, alt etwas rostfleckig und spröd-brüchig

Fleisch Jung weiß; alt etwas rostfleckig, fest, geruchlos; Geschmack mild und nussartig

Stiel Weiß; unten besonders alt rostfleckig; bis daumendick; unten immer etwas zugespitzt

Speise-Täubling

Russula vesca

SAMMELTIPP

Die Hut-
farbtöne variieren
von violett bis grün, auch
bunt gemischt:
Beim eben-
falls ess-
baren
Frauen-
Täubling
ist alles
drin!

Winterpilz mit samtigem Fuß

Der Samtfuß-Rübling wird in Japan im großen Stil gezüchtet. Eine besondere Form sind die im Dunklen gezogenen Enokitake, deren Stiele so lang wie Spaghetti sein können. Bei uns kann der Samtfuß-Rübling besonders im Winter, selbst bei Eis und Schnee, gesammelt werden.

Hier wird gesucht

Erfolg versprechend sind besonders die Wintermonate. Sie sollten Parkanlagen, Auen mit alten Weidenbäumen, Erlen und Eschen und alte Laubholzstümpfe im Wald absuchen. Sogar bei Schnee und Frost können Sie suchen.

Immer schön büschelig

Auf der sicheren Seite sind Sie, wenn Sie den Samtfuß-Rübling nur in der kalten Jahreszeit sammeln, wenn die Bäume keine Blätter mehr haben. Er ist der einzige Lamellenpilz, der auch bei Minusgraden noch wächst. Verwechslungsgefahr besteht im Herbst lediglich mit dem essbaren Stockschwämmchen (S. 76), das wiederum einen tödlich giftigen Doppelgänger hat, den Gift-Häubling (S. 77).

Schauen Sie sich die Stiele genau an. Sie müssen beim Samtfuß-Rübling schön samtig und dunkel sein. Junge Exemplare haben allerdings auch noch helle Stiele, die erst später fast schwarzbraun werden.

Im Asialaden erhalten Sie die fast völlig weiße Zuchtform, den so genannten Enoki-Pilz, der sehr lange Stiele hat und in Pilzgerichten sehr dekorativ aussieht.

STECKBRIEF

Hut Jung halbkugelig, 1–2 cm; reif ausgebreitet und wellig, bis 7 cm; Hutoberfläche honigfarben bis gelb-orangefarben, speckig glänzend, bei Feuchtigkeit schmierig; Hutrand heller als die Oberfläche

Lamellen Jung weiß, reif ocker- bis lachsfarben; viele Lamellen reichen nicht bis zum Stiel

Fleisch Dünnfleischig, cremefarben; Geruch angenehm pilzartig, Geschmack mild

Stiel Jung gelblich; alt bis fast schwarzbraun, immer feinsamtig, unter dem Hut mit gelber Zone. 0,5 cm im Durchmesser bis 7 cm lang

Samtfuß-Rübling
Flammulina velutipes

SAMMELTIPP

Dieser Pilz wurde im Januar bei Eiseskälte aufgenommen. Sammeln Sie nur die jungen Exemplare, die noch fast geschlossen sind.

Geselliges Pilzchen

Ein kleiner unscheinbarer, geselliger Pilz ist der Nelken-Schwindling, denn er kommt immer zusammen mit Seinesgleichen vor, generell auf Wiesen. Oft stehen die Pilzchen in großen Gruppen, Reihen oder sogar Hexenringen. Durch seinen charakteristischen Geruch ist er leicht zu erkennen und er entfaltet in Suppen ein ganz besonderes Aroma.

Hier wird gesucht

Von Mai bis November wächst der Nelken-Schwindling besonders bei feuchtem Wetter in Massen. Sie können sogar in Ihrem eigenen Garten im Rasen danach suchen. Auch Parkanlagen und Kinderspielplätze sind für die Suche geeignet. Dort hinterlässt er manchmal große Hexenringe, die durch die Freisetzung von Nährstoffen durch das Pilzmyzel entstehen.

Der Geruch macht's!

Der Geruch des Nelken-Schwindlings ist einzigartig. Manchmal wird er mit Bittermandelöl oder frisch gesägtem Holz verglichen, ist aber trotzdem schwer zu beschreiben. Riechen Sie einfach selbst und kreieren Sie Ihre eigene Beschreibung. Zur Zubereitung lassen Sie am besten die zähen Stiele weg, denn sie werden auch beim Kochen nicht weich. In Rahmsaucen oder Suppen entfaltet der Nelken-Schwindling ein tolles Aroma.

STECKBRIEF

Hut Jung halbkugelig, reif aufgespannt; bei feuchtem Wetter beigefarben, etwas speckig glänzend; bei trockenem Wetter etwas dunkler gefärbt, matt; sehr dünnfleischig, etwas zäh, 1–6 cm Durchmesser

Lamellen Weißlich bis beigefarben, sehr weit auseinander stehend und bis an den Stiel heranreichend

Stiel Farbe wie der Hut, sehr zäh, bis 7 cm hoch und 3–5 mm Durchmesser

Fleisch Etwas heller als der Hut; Geschmack mild, Geruch angenehm pilzig mit angenehmer Note

Nelken-Schwindling

Marasmius oreades

VORSICHT, DOPPELGÄNGER!

Der hoch-
giftige Feld-Trichterling
ist dem Nelken-Schwindling
sehr ähnlich,
hat aber am
Stiel herab-
laufende
Lamellen.

Leckere Trompete

Wer beim edlen Pfifferling nicht fündig wird, der hat vielleicht Glück mit dem nahe verwandten Trompeten-Pfifferling. Er ist in den moosigen Nadelwäldern unserer Mittelgebirge manchmal ein richtiger Massenpilz und zudem leicht zu erkennen. Es gibt andere ähnliche Arten, die aber alle essbar sind – also keine Sorge beim Sammeln!

Hier wird gesucht

Heidelbeerkraut hat uns schon oft den Weg zu vielversprechenden Pilzgründen gewiesen. In den moosigen Nadelwäldern der Mittelgebirge führt es uns zum Trompeten-Pfifferling.

STECKBRIEF

Hut Jung halbrund, bis 2 cm; reif trichterförmig; alt welliger Hutrand, bis 6 cm; Hutoberfläche glatt bis feinschuppig; je nach Feuchtigkeit graugelb bis graubraun

Leisten Graubräunlich bis blass gelblich; nicht weit am Stiel herablaufend, oft gegabelt und mit Querverbindungen; relativ weit auseinanderstehend

Fleisch Dünnfleischig und gelblich weiß mit schwachem, angenehmem Geruch und mildem Geschmack

Stiel Dünn und hohl; graugelblich, bis 5 cm lang und höchstens 1 cm dick

Hier ist die Nase gefragt

Der Trompeten-Pfifferling hat einen nahen Verwandten, die Gelbe Kraterelle, die deutlich nach Früchten riecht. Die ebenfalls ähnliche Krause Kraterelle ist graubraun gefärbt und hat keinen hohlen Stiel wie der Trompeten-Pfifferling. Als Pilzmahlzeit sind sie alle ähnlich wertvoll wie der Pfifferling, denn Sie können sie sogar einfrieren oder in Essig und Öl einlegen (Rezept S. 89). Neben den häufigen Pfifferlingsarten gibt es noch eine ganze Reihe verwandter Arten oder Varietäten, die jedoch z. T. sehr selten sind, wie der Blasse Pfifferling, der handgroße Exemplare entwickeln kann. Wer in Italien oder Spanien nach Pfifferlingen sucht, der muss sich vor dem giftigen Ölbaumpilz in Acht nehmen, der sehr ähnlich aussieht, aber ausschließlich auf Holz wächst.

Trompeten-Pfifferling

Cantharellus tubaeformis

SAMMELTIPP

Die Krause Kraterelle sieht insgesamt blasser aus und hat keinen hohlen Stiel. Sie ist ebenfalls essbar.

Immer der Nase nach

Wer traut sich, die Stinkmorchel zu essen? „Geht doch gar nicht!" werden Sie sagen. Doch, wenn sie noch jung und unschuldig in ihrem „Hexenei" verweilt, kann sie gegessen werden. Wird sie reif, streckt sich ihr Stiel in Windeseile aus der Eihülle und präsentiert die stinkende grüne Sporenmasse, die allerlei Schmeißfliegen anlockt. Die Fliegen fressen die Sporen und verbreiten dadurch den Pilz.

Hier wird gesucht

Eigentlich wird nicht gesucht, sondern geschnuppert. Bereits im Sommer kann man in den unterschiedlichsten Wäldern den aasartigen Geruch wahrnehmen. Dann sind die Fruchtkörper nicht weit. Die noch geschlossenen Hexeneier finden Sie neben den schon stinkenden, reifen Exemplaren halb im Boden versteckt.

STECKBRIEF

Fruchtkörper Jung kugelrund, geschlossen und schmutzig weiß; bei Druck gummiartig, golfballgroß; meist halb oder ganz im Boden eingesenkt und mit fadenförmiger, weißer Wurzel; reif bananenartig aus dem Hexenei herausragend

Stiel Reif weiß und porös, 3–4 cm dick, innen hohl, bis 20 cm lang

Hut Glockig auf dem Stiel aufsitzend, oben mit weißem Scheibchen. Jung mit grüner, stinkender Sporenmasse. Wenn die Sporenmasse durch Fliegen abgeweidet ist, weiß und wabenartig.

Ungefährliche Mutprobe

Wollen Sie mal gehörig Eindruck schinden, so empfiehlt sich ein Gericht mit gebratenen Scheiben aus Stinkmorchel-Hexeneiern. Dschungelcamp lässt grüßen! Dazu wird die zähe Eihülle mit dem Messer abgezogen, das glibberige Hexenei in dünne Scheiben geschnitten und in der Pfanne mit Öl, Salz und Pfeffer scharf angebraten. Der Geschmack hat eine gewisse Rettichnote und der Spaßfaktor beim Probieren ist sicher.

Stinkmorchel
Phallus impudicus

SCHON GEWUSST? So sieht das Hexenei aufgeschnitten aus. Der Hut ist schon erkennbar.

Werden Sie Pilzsachverständiger

Von den ca. 6000 Großpilzarten Deutschlands sind überhaupt nur etwa 400 Arten zum Verzehr geeignet. Die Deutsche Gesellschaft für Mykologie (DGfM) bietet auf ihrer Internetseite www.dgfm-ev.de umfangreiche Informationen zum Thema Pilze. Bestimmt gibt es auch in Ihrer Nähe einen geprüften Pilzsachverständigen, der Ihnen hilft. Oder werden Sie selbst Pilzsachverständiger. Die Ausbildung zum Pilzcoach vermittelt vor allem Naturerleben und einfache Pilzkenntnisse. Die Kurse der DGfM machen Spaß und führen Sie mit Gleichgesinnten zusammen.

SAMMELTIPP
Pilze, die Sie nicht kennen, oder bei deren Bestimmung Sie sich unsicher sind, werden grundsätzlich nicht gegessen.

Stockschwämmchen wachsen immer in großen Büscheln und meist auf Laubholz.

ACHTUNG, GIFTIG! Der Gift-Häubling sieht dem Stockschwämm-chen zum Verwechseln ähnlich – absolut lebensgefährlich!

Verhalten im Ernstfall

Wer Pilze zum Essen sammelt, sollte auch über die Gefahren und Verhaltens-maßnahmen im Ernstfall informiert sein. Schauen Sie sich die wichtigen giftigen Arten auf den nächsten Sei-ten genau an. Die Beispiele zeigen die gefährlichsten Giftpilze. Sie werden so genannten Vergiftungssymptomen zugeordnet. Wird eine schwere Pilzver-giftung rechtzeitig erkannt, so verläuft sie in den wenigsten Fällen tödlich. Es gibt nur sehr wenige giftige Arten, deren Verzehr zu ernsthaften und blei-benden Schäden führen. Die meisten Pilzvergiftungen sind nach zwei bis drei Tagen überstanden und haben keine bleibenden Folgen. Oftmals

sind es auch nur verdorbene Pilze, die Bauchschmerzen verursachen, oder eine viel zu üppige Pilzmahlzeit, denn Pilze sind schwer verdaulich.

Schnelle Hilfe

Wenn Sie nach einer Pilzmahlzeit das Gefühl haben, dass etwas nicht stimmt, dann zögern Sie nicht, den Arzt oder das Kranken-haus aufzusuchen. Sie können sich auch an die Gift-Notrufzentralen der Bundesländer wenden. Die Gift-Notrufnummer steht vorne in jedem Telefonbuch.

Grüner Knollenblätterpilz ☠

Amanita phalloides

Der Grüne Knollenblätterpilz führt jedes Jahr zu zahlreichen Vergiftungsfällen. Er kommt nicht auf Wiesen vor, wie der essbare Champignon, sondern im Wald. Stehen auf der Wiese allerdings Bäume, oder befindet sich die Wiese am Waldrand, dann wagt sich der Grüne Knollenblätterpilz, der auch mal weiß sein kann, auch auf die Wiese vor. **Vergiftung** Phalloides-Syndrom mit zweiphasigem Krankheitsverlauf: 8 bis 24 Stunden beschwerdefreie Zeit, dann Brech-Durchfall, 1 bis 2 Tage weitere symptomfreie Phase, anschließendes Leber- und Nierenversagen.

STECKBRIEF

Hut Jung geschlossen (Foto), eihüllenartig; reif ausgebreitet, weiß bis olivgrün, 4–12 cm

Lamellen Weiß

Stiel mit Ring, Fuß knollig verdickt in weißer Hülle

STECKBRIEF

Hut Jung kugelförmig, alt ausgebreitet; braun mit weißen Schuppen

Lamellen Weiß

Stiel Weiß, unten knollig, 1–2 ringartige Wülste an der Knolle

Pantherpilz ☠

Amanita pantherina

Der Panther-Pilz sieht dem Fliegenpilz sehr ähnlich und ist auch mit ihm verwandt, hat aber einen graubraunen Hut mit weißen Tupfen und besitzt wesentlich mehr giftige Inhaltsstoffe. Die Giftwirkung verursacht starke körperliche und psychische Beschwerden. Die Symptome lassen nach einiger Zeit jedoch nach, und es bleiben keine Schäden.
Vergiftung Pantherina-Syndrom: 15 Minuten bis 3 Stunden nach der Mahlzeit Bauchschmerzen, Durchfall, Schweißausbrüche, Herz-Kreislaufbeschwerden. Aufgrund psychoaktiver Inhaltsstoffe können Stimmungsschwankungen auftreten bis hin zu Tobsuchtsanfällen.

Rauköpfe ☠

Cortinarius-Arten

Die Gattung der Rauköpfe ist besonders heimtückisch, denn die ersten Krankheitssymptome lassen lange auf sich warten. Durch ihre oftmals gelben und orangenen Farbtöne kann man Rauköpfe mit Pfifferlingen verwechseln. Ein prüfender Blick unter den Hut kann eine Verwechslung sicher ausschließen: Die Rauköpfe haben Lamellen, der Pfifferling nur niedrige Leisten, die am Stiel herablaufen.

Vergiftung Orellanus-Syndrom: 3 bis 21 Tage symptomfreie Phase, dann unspezifische Beschwerden wie trockener Mund, Durst, Nierenschmerzen, Erbrechen, Durchfall, Bauchkrämpfe, Nierenversagen.

STECKBRIEF

Hut gelb, orangefarben, rötlich, braun; spitzer Buckel; 2–8 cm

Lamellen Braun oder wie Hut, nie am Stiel herablaufend

Stiel Farbe oft wie Hut

STECKBRIEF

Hut Hellgrau, halb-
kugelig, 10–25 cm

Röhren Jung gelb, alt
karminrot

Fleisch Schwach blauend

Stiel Kurz, bauchig, unten
rot, oben gelb

Satans-Röhrling ☠

Boletus satanas

Der Satans-Röhrling zählt zu den Röhrlingen. Der essbare
Flockenstielige Hexen-Röhrling (S. 52) hat ebenfalls orange-
rote Röhren auf der Hutunterseite, die Hutoberseite ist
jedoch braun. Ob giftig oder nicht, können Sie sich bei bei-
den Pilzarten anhand der Namen merken. Es gibt schließlich
auch gute Hexen, der Satan aber ist immer böse. Die wenigen
giftigen Röhrlinge haben auffällige Röhren oder Stielfarben,
sodass bei genauem Hinschauen eigentlich keine Verwechslung möglich ist. **Vergiftung** Die Inhaltsstoffe der giftigen
Röhrlinge verursachen starke Magen-Darmbeschwerden,
die nach 1 bis 2 Tagen abklingen.

Frühjahrs-Lorchel ☠

Gyromitra esculenta

Der lateinische Artname der Frühjahrs-Lorchel „Gyromitra esculenta" lautet übersetzt „gedrehte, essbare Bischofsmütze". Tatsächlich wird sie in Russland heute noch, gut gekocht, gegessen. Allerdings gehen dort die meisten Pilzvergiftungen genau auf diese Art zurück. Sie muss also eindeutig als stark giftig eingestuft werden. Als klassischer Doppelgänger der Morchel (S. 48) kommt sie zwar in derselben Jahreszeit vor – allerdings auf morschem Holz in Kiefernwäldern, seltener auch in Auwäldern. **Vergiftung** Bauchschmerzen, Kopfschmerzen, Koliken, Durchfall.

STECKBRIEF

Hut Braun, schrumpelig

Stiel Weiß bis grau, kurz

Fruchtkörper Im Längsschnitt stark gekammert (Speise- und Spitz-Morchel völlig hohl)

Hut Ei- bis glocken-förmig, Oberseite grau gefältelt

Lamellen Weiß, reif schwarz werdend

Stiel Weiß, länger als der geschlossene Hut

Grauer Faltentintling ☠

Coprinus atramentarius

Einige Pilze wie der Falten-Tintling und der Netzstielige Hexen-Röhrling hemmen bei gleichzeitigem Genuss von Alkohol dessen Abbau. Das Abbauprodukt des Alkohols, Acetaldehyd, wird also im Körper angehäuft, dadurch treten starke Vergiftungserscheinungen auf. Vom Verzehr ist auch bei Abstinenz abzuraten, denn das enthaltene Coprin hemmt den Abbau, auch wenn der Alkohol lange vor oder nach der Pilzmahlzeit getrunken wurde.

Vergiftung Bei Alkoholgenuss starke Gesichtsrötung, starker Durst, Schweißausbrüche, Herzklopfen. In extremen Fällen drohen Krämpfe und Atemnot.

In der Küche

Der Korb ist prall gefüllt, die Pilze sind geputzt und richtig bestimmt. Wie geht es jetzt weiter? In der Pfanne braten oder zu Schnitzel panieren? Möglicherweise für den Winter einkochen oder trocknen? Es gibt viele Möglichkeiten, die sich auch immer etwas nach der Pilzart richten. Dünnfleischige Arten können Sie gut in der Pfanne mit Butter braten. Dickfleischige Arten lassen sich gut zu Pilzschnitzel verarbeiten. Der Küchenchef rät: Die unterschiedlichen Arten haben ganz eigene Geschmacksnoten, deshalb sollten Sie sie nur ausnahmsweise als Mischpilze verarbeiten. Viel Spaß beim Ausprobieren und guten Appetit!

Vor der Zubereitung

Verwerten Sie Pilze immer frisch. Direkt nach dem Sammeln heißt es: ab in die Küche mit den Fundstücken. Schlechte Stellen, Schneckenfraß oder madige Röhren können Sie einfach mit dem Messer abschneiden. Grundsätzlich sollten Sie Pilze vor der Zubereitung nicht waschen, denn sie würden sich stark mit Wasser vollsaugen. Deshalb vor dem Verwenden nur mit Messer und Pinsel gut putzen. Sollte dies nicht ausreichen, können Sie auch ein feuchtes Tuch benutzen. Sie können sowohl den Hut als auch den Stiel des Pilzes essen. Kleinere Arten wie Pfifferlinge oder Herbsttrompeten brauchen Sie nicht zu zerschneiden. Steinpilze und andere Röhrlinge sollten Sie vor dem Verwerten in der Küche in Würfel schneiden. Sehr dekorativ ist es, wenn Sie die Pilze in nicht zu dicke Scheiben schneiden, sodass die Pilzform schön zur Geltung kommt. Pilze ohne Stiel

Gut geputzt ist halb genossen: Statt die Pilze zu waschen, lieber vorsichtig mit Pinsel oder feuchtem Küchenpapier säubern.

und Hut wie die Krause Glucke müssen Sie natürlich auch in kleine Stücke schneiden. Die Würze kommt zum Schluss: Vorzeitiges Salzen macht Pilze zäh, am besten erst das fertige Gericht abschmecken. Da Pilze sehr aromatisch sind, reicht oft schon ein wenig Salz und Pfeffer. Verarbeiten Sie alle selbst gesammelten Pilze immer in irgendeiner Form weiter und verzehren Sie sie niemals roh, um Vergiftungen zu vermeiden. Auch eventuell vorhandene Eier des Fuchsbandwurmes (S. 27) werden ab 70 Grad zuverlässig abgetötet.

KÜCHENTIPP

Wenn Sie keinen Pinsel zur Hand haben, können Sie auch eine Zahnbürste benutzen, um den Pilz vorsichtig von Erdresten zu befreien.

Pilze in der Pfanne

Pilze in der Pfanne gebraten sind der Klassiker. Wollen Sie den Eigengeschmack der Pilzart kennen lernen, so braten Sie die Pilze mit Butter an und würzen mit wenig Salz und Pfeffer. Das eignet sich besonders gut für Pfifferlinge und die Krause Glucke, die beide einen sehr typischen Eigengeschmack haben. Aber auch gemischt sind Pilze in der Pfanne mit verschiedenen Zutaten sehr deftig. Wichtig ist, dass die Stücke nicht zu groß sind und in der Pfanne gut durchgegart werden. Da Pilze wie Fleisch viel Protein enthalten, entwickeln sie beim Anbraten den typischen Geschmack wie bei einem knusprigen Steak. Gleichzeitig geben sie einen Bratensaft ab und können deshalb auch sehr gut mit süßer Sahne „abgelöscht" werden. Zusätzlich abgeschmeckt mit Tomatenmark und Gewürzen erhalten Sie ein Pilzgeschnetzeltes in einer herrlichen Sauce, die hervorragend zu Klößen passt oder einfach mit Brot aufgetunkt werden kann.

Mischpilze mit Speckwürfeln

Zwiebel in kleine Würfel schneiden und in der Pfanne mit Butter glasig anschwitzen. Speckwürfel hinzugeben, Pilze in Stücke schneiden und alles zusammen scharf anbraten. Bei Bedarf mit mediterranen Kräutern abschmecken.

Pilze trocknen

Die älteste Methode, um Pilze haltbar zu machen, ist das Trocknen. Dabei ist es sehr wichtig, dass der Trocknungsprozess zügig abläuft. Großvolumige Pilze werden dabei nicht als Ganzes getrocknet, sondern in dünne Scheiben geschnitten. Am besten kaufen Sie sich einen handelsüblichen Obsttrockner mit aktivem Gebläse und Heizspirale. In solch einem Gerät sind die Pilze innerhalb weniger Stunden komplett trocken. Das ist wichtig, damit die Pilze bei der Lagerung nicht anfangen zu schimmeln. Alternativ kann man auch den Backofen mit Umluft bei 50 bis 70 Grad verwenden. Dabei die Back-

ofentür einen Spalt breit offen lassen, sodass die feuchte Luft abziehen kann. Nicht geeignet ist das Auffädeln auf Zwirn, wie man es oft in Zeitschriften sieht. Die getrockneten Pilze bewahren Sie am besten in gut verschlossenen Frischhaltebeuteln auf.

Sehr gut zum Trocknen geeignet sind:

- 🍄 Steinpilze
- 🍄 Pfifferlinge
- 🍄 Judasohr
- 🍄 Birkenpilze und Rotkappen
- 🍄 Austernseitlinge
- 🍄 Herbsttrompeten

Mit einem handelsüblichen Obst-Trockner klappt das Trocknen der Pilze im Handumdrehen.

Pilze im Glas

Sehr reizvoll und im Ergebnis schön dekorativ ist das Einkochen oder Einlegen von Pilzen. Besonders eignen sich hierfür junge und feste, noch geschlossene Röhrlinge. In Italien gibt es riesige Gläser mit eingekochten „funghi porcini" (Steinpilze) zu kaufen. Selbst gemacht sind Pilze im Glas ein schönes Geschenk.

Pilze eingekocht

1. Pilze sehr sauber putzen
2. Drei bis fünf Minuten blanchieren
3. In Einmachgläsern mit frischem Wasser 2 Stunden kochen
4. Abkühlen lassen
5. Nach zwei Tagen nochmals für eine Stunde kochen

Pilze in Olivenöl

1. Pilze 10 Minuten mit wenig Wasser dünsten
2. Marinade aus Weinessig und Weißwein zu gleichen Teilen sowie Lorbeerblätter, Pfefferkörner und etwas Salz ansetzen
3. Pilze darin 20 Minuten kochen
4. Pilze abseihen und abtropfen lassen
5. Abgetropfte Pilze mit einer Knoblauchzehe in einem Glas mit Olivenöl bedecken

Pilzschnitzel

Für die Zubereitung von Pilzschnitzeln eignen sich fingerdick geschnittene Scheiben von Röhrlingen, Riesenbovist oder die aufgespannten Hüte von Riesenschirmlingen, die ein besonders intensives Aroma haben. Wie für Wiener Schnitzel brauchen Sie Eier, Mehl und Semmelbrösel.

Pilze panieren

1. Pilzscheiben mit etwas Salz und Pfeffer bestreuen

2. Zuerst in Mehl, dann in verrührtem Ei wenden, und schließlich in Semmelbröseln

3. In der Pfanne mit Butter gut kross ausbraten

KÜCHENTIPP

Als Zutaten passen je nach Ihrem Geschmack Kräuterbutter, Zitronensaft oder auch Ketchup und natürlich Pommes.

Getrocknete Morcheln in Rahmsauce sind Gourmet-verdächtig.

Pilzrahmsauce

Besonders getrocknete Pilze eignen sich für allerlei Saucen, denn durch das Trocknen intensiviert sich das pilzeigene Aroma. Hierfür bieten sich vor allem Steinpilze, Rotkappen und Pfifferlinge an. Das absolute Gourmet-Highlight sind jedoch getrocknete Morcheln oder die Herbsttrompete.

Helle Rahmsauce mit Herbsttrompeten

Getrocknete Herbsttrompeten eine Stunde in kaltem Wasser einweichen, dann abgießen und ein wenig mit

Küchenpapier abtupfen. Sahne, Milch und Sauerrahm im Topf erhitzen. Worcestersauce unterrühren und mit Salz, Pfeffer und etwas Muskatnuss abschmecken. Kurz einkochen lassen und etwas Saucenbinder unterrühren. Aufgeweichte Herbsttrompeten hinzugeben und ca. 10 min. bei kleiner Hitze weiterköcheln lassen. Die Sauce passt hervorragend zu Spaghetti oder Bandnudeln.

KÜCHENTIPP

Wenn Sie die Rahmsauce noch deftiger machen wollen, können Sie glasig angeschmorte Zwiebel- und Speckwürfel hinzufügen.

Register

Der Autor: Ein Interview

Herr Professor Langer, wie sind Sie überhaupt zu den Pilzen gekommen?

Meine Großmutter ging mit mir im Vorschulalter schon in die Pilze, und mein Vater lebte mir die Begeisterung für die Natur vor.

Können Sie sich noch an Ihren ersten Pilz-Fund erinnern?

Das muss etwa gewesen sein, als ich vier oder fünf Jahre alt war. Es war ein Nelken-Schwindling.

Wo arbeiten Sie und an welchen Projekten?

Ich bin Leiter des Fachgebiets Ökologie an der Universität Kassel. Wir führen Forschungsprojekte zum Artenreichtum der Pilze im Nationalpark Kellerwald-Edersee und in tropischen Urwäldern z. B. der Insel La Réunion durch.

Haben Sie einen Lieblings-Pilz? Warum ist es gerade dieser?

Unter den Speisepilzen ist es natürlich der Steinpilz, denn damit verbinde ich viele Kindheitserinnerungen. Bei den nicht so alltäglichen Pilzen ist es der Buchen-Stachelbart, der natürliche Waldstrukturen anzeigt.

Welche war die spannendste Exkursion, die Sie unternommen haben?

Eine Exkursion nach Costa Rica im Jahr 1989. Dort habe ich zum ersten Mal die faszinierende Welt der tropischen Pilze kennengelernt.

Welchen Tipp haben Sie für andere Pilz-Sammler?

Schließen Sie sich mit Gleichgesinnten zusammen. Es gibt vielzählige Pilzvereine, in denen Sie Beratung bekommen und von den erfahrenen Pilzsammlern sehr viel lernen können.

Umschlaggestaltung von Walter Typografie & Grafik GmbH, Würzburg, unter Verwendung eines Motives von ©Can Stock Photo Inc./ LehaKoK (Umschlagvorderseite) und drei Motiven von Ewald Langer (Umschlagrückseite).

Mit 129 Farbfotos: 5 von Achim Bollmann (S. 41 u., S. 53 gr., S. 77, S. 79, S. 80, HK: o. re., HK: Mi. li.); 2 von Fotolia.com: 1 von Kanusommer (S. 1), 1 von Dora Zett (S. 16); 1 von Gartenschatz (S. 27); 7 von Marco Gebert (S. 2, HK: Fr. 7, Satansröhrling, Frühjahrs-Lorchel; S. 39 gr., S. 43 gr., S. 61 gr., S. 67 gr., S. 73 gr., S. 81 , S. 82), 1 von Sepp Keller (S. 25 o.); 1 von Stephanie Kolb (S. 26); 1 von Georg Müller (S. 45 u.); 9 von Alexander Walter (S. 3, S. 84, S. 86, S. 87, S. 88, S. 89, S. 90, S. 91, HK: Fr. 9). Alle anderen Fotos stammen von Ewald Langer.
VK = Vorderklappe, HK = Hinterklappe, gr. = großes Foto, o. = oben, u. = unten, Fr. = Frage, li. = links, Mi. = Mitte.

Alle Angaben in diesem Buch erfolgen nach bestem Wissen und Gewissen. Sorgfalt bei der Umsetzung ist indes geboten. Verlag und Autor übernehmen keinerlei Haftung für Personen-, Sach- oder Vermögensschäden, die aus der Anwendung der vorgestellten Materialien und Methoden entstehen können. Dabei müssen rechtliche Bestimmungen und Vorschriften berücksichtigt und eingehalten werden.

Unser gesamtes Programm finden Sie unter **kosmos.de**.
Über Neuigkeiten informieren Sie regelmäßig unsere
Newsletter, einfach anmelden unter **kosmos.de/newsletter**

Gedruckt auf chlorfrei gebleichtem Papier

©2015, Franckh-Kosmos Verlags-GmbH & Co. KG, Stuttgart
Alle Rechte vorbehalten
ISBN 978-3-440-14684-2
Projektleitung und Redaktion: Antje Albrecht, Philine Feil
Gestaltung und Satz: Walter Typografie & Grafik GmbH, Würzburg
Produktion: Markus Schärtlein
Printed in Italy / Imprimé en Italie

KOSMOS.
Mehr wissen. Mehr erleben.

Jeder Pilzsammler freut sich, wenn er einen besonders begehrten Speisepilz findet. Viele Merkmale helfen beim Bestimmen von über 270 Pilzarten Mitteleuropas. Schnelles Bestimmen: anhand der Form des Pilzes. Auf einen Blick: eindeutige Symbole zu „Essbar, ungenießbar oder giftig?". Der unentbehrliche Pilzführer für jeden, der Pilze sammeln und verwenden möchte.

Markus Flück | Welcher Pilz ist das?
400 S., €/D 14,99

Bestellen Sie jetzt auf kosmos.de

Hier können Sie spielerisch Ihr Wissen testen. Wie viele Fragen haben Sie richtig beantwortet?

1. **Woran erkennen Sie einen guten Pilz-Wald?**
   a) Es gibt unterschiedlich alte Bäume und viel totes Holz am Boden.
   b) Die Bäume sind alle sehr jung.
   c) Der Wald wirkt aufgeräumt.

   🍄 Seite 12

2. **Welche Pilze finden Sie vor allem in Nadelwäldern?**
   a) Den Riesen-Bovist
   b) Den Steinpilz
   c) Den Pfifferling

   🍄 Seite 12

3. **Im Frühjahr wächst nicht nur Bärlauch, sondern auch ein sehr leckerer Pilz, welcher?**
   a) Der Wiesen-Champignon
   b) Das Judasohr
   c) Die Spitz-Morchel

   🍄 Seite 10